—— 作者 ——

马丁·雷德芬

毕业于伦敦大学学院地质学专业。英国广播公司（BBC）科学组资深制作人，为国际频道和广播四台制作节目。在《新科学家》《经济学人》《星期日泰晤士报》《周日独立报》等报刊发表大量科学类文章，涉猎广泛。著有《地心旅行》（1991）、《翠鸟系列：瞭望太空》（1998）、《翠鸟系列：行星地球》（1999）等。2005年获英国科学作家协会颁发的"科学作家奖"。

A VERY SHORT
INTRODUCTION

THE EARTH
地球

［英国］马丁·雷德芬 著

马睿 —— 译

译林出版社

图书在版编目（CIP）数据

地球／（英）马丁·雷德芬（Martin Redfern）著；
马睿译 . —南京：译林出版社，2024.1
（译林通识课）
书名原文：The Earth: A Very Short Introduction
ISBN 978-7-5447-6459-9

Ⅰ.①地⋯　Ⅱ.①马⋯ ②马⋯　Ⅲ.①地球 – 研究
Ⅳ.①P183

中国国家版本馆CIP数据核字（2023）第 234662 号

著作权合同登记号　图字：10-2023-426号

地球　[英国]马丁·雷德芬 ／ 著　马　睿 ／ 译

责任编辑　杨雅婷
装帧设计　孙逸桐
校　对　梅　娟
责任印制　董　虎

原文出版　Oxford University Press, 2003
出版发行　译林出版社
地　址　南京市湖南路 1 号 A 楼
邮　箱　yilin@yilin.com
网　址　www.yilin.com
市场热线　025-86633278
排　版　南京展望文化发展有限公司
印　刷　徐州绪权印刷有限公司
开　本　850 毫米 × 1168 毫米　1/32
印　张　5.125
插　页　4
版　次　2024 年 1 月第 1 版
印　次　2024 年 1 月第 1 次印刷
书　号　ISBN 978-7-5447-6459-9
定　价　59.00 元

序　言

陈骏

　　译林出版社最近出版了一套通识读本，希望我为《地球》（*The Earth*）一书作序。该书作者马丁·雷德芬（Martin Redfern）毕业于伦敦大学学院地质学专业，是英国广播公司（BBC）科学组资深制作人和蜚声学界的科普作家，先后著有《地心旅行》、《瞭望太空》和《行星地球》等。我曾经读过他的作品，对他印象比较深，因而欣然答应。

　　拿到书之后我很快就将其读完，一个清晰的感受是这是一本好书。要在短短几万字的篇幅中写好一个星球，而且是作为我们所有人栖身家园的星球，堪称一件颇为棘手的工作。它对写作者的挑战，在于不仅要有扎实的专业知识，还要有一定的叙述技巧，既在科学上严谨可信，又让人读出趣味来。马丁·雷德芬无疑不辱使命。这本小书为我们的星球绘制了一幅精彩的肖像。这幅肖像，一如全书开篇的那张地球照片，视野宏大，呈现出地球风起云涌的万千气象；同时又有足够的"像素"，放大来看，细节处栩栩如生。读罢掩卷，的确让人有"心事浩茫连广宇"的感觉。

在写作方式上，作者采用了地球系统科学的视角，既把地球看成一个整体，又把它看成动态的系统。如他所说："在很大程度上，我们像蚂蚁一样在地表忙忙碌碌，对宏阔的图景不知不觉。"正是明确意识到了这一点，作者在写作时着力跳脱出来，仿佛置身于离地球有足够距离的太空之中，终能一窥地球全貌。对这种壮阔景象的全景式呈现，既表现在空间上，也表现在时间上。

比如在介绍"深时"概念时，作者从普通人的感受，即与父母、祖父母、曾祖父母渐次遥远的距离写起，穿越伊丽莎白一世的英格兰、罗马帝国的全盛期、古埃及的大金字塔，仿佛搭乘着一部时间机器，一路写到100亿年前太阳和太阳系尚未诞生之时。沧桑古今，万物流变，时间的深邃幽远跃然纸上。在空间上，书中同样大处着眼，让人感受到的不仅是视野的辽阔，还有基于专业积累之上的想象力。磁层和大气层、生物圈和水圈，以及地球的其他圈层，在作者的眼里聚合起来，宛如一颗巨大的洋葱。在亿万年久远的未来，世界地图会有怎样的变化？书中认为，按目前的趋势，"大西洋会继续加宽，太平洋会收缩"，"澳大利亚会继续北移，赶上婆罗洲，继而转个圈撞上中国"。

为了使叙述更为形象，书中采用了许多生动的比喻。上面提到的"洋葱"即是一例。再比如，在描述大气层时，臭氧被比喻成地球的高效防晒霜。从中世纪教堂的彩色玻璃窗中，可以窥见地幔中硅酸盐岩石的流动方式。由散布于全球各地的测震仪组成的网络，被比喻为身体检查时环绕着患者周身的 X 射线源和传感器,地震层析成像于是被比拟为我们所熟悉的CT(计算机辅助断层扫描)。再比如,海洋中的洋脊像是网球的接缝,地球的演化一如橘子果酱的制作过程,火山的突然喷发又好似充分摇动香槟之后拔去瓶塞——尽管在时空尺度上,它们被极大地缩小了。这些比喻不仅能帮助读者更好地理解那些远离日常生活的陌生过程,更使阅读充满乐趣。

乍看书名,读者可能认为,一本关于地球的书与我们的日常生活相去甚远,它提供的只是满足好奇心的知识,并无多少"实用"价值。读到书末,尤其是关于地震的那一章,这种印象无疑会有所改变。地震不可避免,但尽力减少地震造成的伤害无疑是值得探索的。在分析伤亡原因时,作者认为倒塌的建筑物和后续的火灾是主因。从建筑材料和设计来看,柔韧的材料比脆硬的要抗震,好的设计(如避免与地震波频率共振、高楼屋顶配备重物抵消晃动)同样必要;在减少火灾伤害方面,旧金山等地震易发城市正在开发"智能管道"系统,无疑是值得借鉴的做法。

特别是,在地震预警方面,书中提供了很好的思路。我们无法预知下一次地震发生的确切时间,但是,发生的概率是可以计算的。从1/36 500,到1/1000,再到1/20,通过综合不同的要素,准确率在逐步逼近;虽然还未达到能向公众播报以疏散人员的程度,但至少可以提供给相关的救援部门,让他们随时待命。通过设置在断层中的传感器,利用无线电的光速与地震波的声速之间的时间差,也会为银行备份、电梯停运、管道封锁等做好准备。这些都是我们可以借鉴的实用经验。

这本小书并不只有科学的视角，它还表现出了作者深切的人文关怀。目前为止，人类尚未发现地球之外的智慧生命，也未发现有其他星球堪为人类的第二家园。遗憾的是，对于这颗蓝色宝石，我们却不够珍惜。"我们早已不再是这个星球的受害者，而变成了它的托管人。而我们却恩将仇报，对土地粗暴轻率地贪婪，对污染置若罔闻地轻忽。但这样做是要承担风险的。我们仍然别无退路，毕竟所有的人都住在同一个星球上。我们应该照顾好这个星球，为它承担起责任。"爱护地球、保护地球不仅是科学家、政府和少数志愿者的工作，更是每一个合格地球公民的责任。承担起这一责任的前提则是了解地球、认识地球，这应当成为每一个"地球人"的基本素养和必修课，应当成为当今大学通识教育不可或缺的重要组成部分。它并非只是关于地球科学知识的概览和介绍，而更是通过引导普通公众和大学生参与到对地球的科学探索以及对事关地球与人类发展的重大问题的讨论之中，培养起人们尊重地球、热爱地球、保护地球的意识，自觉地过一种与周围环境相和谐的健康、"绿色"、文明的生活。

这本《地球》是绝佳的科普和通识教育读物。科普读物需要把握科学性与人文性、专业性与普及性之间的平衡，其难点在于既要不失科学的准确、严谨，同时又能让非专业读者和大学生接受、喜爱。与他以往的《地心旅行》等科幻小说相比，这本书虽然没有小说中那些天马行空的想象和惊险刺激的情节，但是同样跌宕起伏、扣人心弦，带给读者一场紧张兴奋的智力冒险，正如伦敦大学学院比尔·麦圭尔（Bill McGuire）的书评所言："关于地球的迷人真相呼之欲出。这是一个关于矿物、岩浆和地质灾难的故事，内核飞旋、板块炸裂，无不惊心动魄。"这是一场精心安排的冒险之旅，是对地球主要运作机制的全景扫描，并对重要"景点"，诸如地球历史、板块运动、海洋结构、火山地震等一一做了精准解说。阅读本书，是一趟丰富充实的地球知识之旅，也是充满人文内涵和艺术享受的思想之旅、审美之旅。

感谢译林出版社出版这套通识读本。近几年，包括南京大学在内的中国多所著名大学已充分认识到通识教育的重要性。南京大学率先探索本科教育改革，目前正在稳步推进，力图办中国最好的本科教育。通识教育是一个系统工程，需要多方面因素的合力来推动；其中，一套高质量的读本是具有基础性作用的。包括这本《地球》在内的丛书，一定会对我国高等教育改革和提高国民素质提供帮助，祝愿在中国大学的通识教育事业中，在所有渴求知识的人丰富自己的精神世界和人生画卷的道路上，这套书能发挥更大的作用。

致　谢

　　本书作者特此感谢以下诸位：感谢阿琳·朱迪丝·克洛茨科，本书的撰写离不开她的引介；感谢谢利·考克斯当初热心约稿、埃玛·西蒙斯一贯耐心相助、戴维·曼及时提供插图、保利娜·纽曼和保罗·戴维斯提出颇有助益的意见、玛丽安和埃德蒙·雷德芬助我热情饱满并帮我审读书稿、罗宾·雷德芬也卖力相助；感谢激励我始终保持严谨的无名读者，以及拨冗与我交流并用激情将我深深感染的无数地质学家。

图 1　1972 年 12 月从"阿波罗"17 号上看到的行星地球

目 录

第一章

动态的地球

> 一旦有人从外太空拍摄一张地球的照片，一种前所未有但无可辩驳的全新观念就要诞生了。
>
> ——弗雷德·霍伊尔爵士[1]，1948 年

如何在薄薄一本小册子里容纳一个巨大的星球？尺幅千里已显不足，不过倒有两种天差地别的方法可供一试。一种是地质学采用的自下而上的方法：从本质上说，就是观测岩石。数个世纪以来，地质学家们奔波于地球表面，用手中的小锤子探测不同的岩石类型以及构成这些岩石的矿物颗粒。他们先是利用肉眼和显微镜、电子探针和质谱仪，把地壳简化为细小的组分，继而又绘制出不同的岩石类型之间的联系，并通过理论、观察和实验，提出了岩石运动的假说。他们从事的是一项艰巨的事业，提出了不少深刻的见解。地质学家前仆后继的努力构筑了一座理论大厦，为未来的地球科学家奠定了基础。正因为有了这种自下而上

---

① 弗雷德·霍伊尔爵士（1915—2001），英国天文学家，英国皇家学会会员。著有多部学术专著、科普读物、科幻小说，以及一部自传。霍伊尔的许多研究成果不符合正统的学术观点，但他仍然被视为20世纪最有影响力的科学家之一。

的方法，我才得以撰写本书，但这并不是我要采纳的视角。我本意并不想写一本岩石矿物和地质制图指南，而是要为一个星球画一幅肖像。

要观察我们这个古老的星球，还有一个自上而下的新方法，也就是日渐为人们所知的地球系统科学的视角。它把地球看成一个整体，而不仅仅是"现在"这一刻凝固的模样。采纳了地质学的"深时"概念，我们开始把这个星球看成一个动态的系统，由一系列过程和循环组成。我们开始了解它的运作机理。

俯　瞰

开篇那句话是天文学家弗雷德·霍伊尔爵士在1948年提出的预言，仅仅十年后，人类就开始了太空之旅。当无人驾驶的火箭在外太空拍下第一批地球照片时，当第一代宇航员亲眼看到我们这个世界的全貌时，预言成真。最初的俯瞰并没有揭示什么关于地球的新秘密，却已成为一个充满象征意义的符号。对于亲眼看到那幅图景的许多宇航员来说，那是一次动人的体验：他们一直以来与之共存的这个世界竟然美丽如斯，又显得那么脆弱。地球科学也在同时经历自身的革命，这大概不是偶然。板块构造的概念最终为世人所接受，其时距离阿尔弗雷德·魏格纳[①]首次提出该理论已逾50载。海底探索揭示出海底是从洋中脊系统扩展而成的。它不断漂移，迫使大陆分离或重组成新大陆。那些大陆

---

① 阿尔弗雷德·魏格纳（1880—1930），德国地质学家、气象学家和天文学家，大陆漂移学说的创立者。1930年11月，他最后一次前往格陵兰探险时身亡，享年50岁。

一般大小的岩石板块，其形体之巨远超想象，却也翩然跳出绚丽而古老的舞步。

大约同时，与人类在广袤幽暗的太空中俯瞰到"地球"这个飘浮于其中的小小蓝宝石一样具有象征意义，全球兴起了一场环保运动，它的参与者既有对濒临灭绝的物种和雨林充满感伤主义眷恋的普通人，也有开始采纳全新视角、研究复杂互动的生态系统的科学家。如今，多数大学院系和研究组织都会用"地球科学"一词取代"地质学"，因为人们已经意识到该学科的广度绝不仅限于研究岩石。"地球系统"一词也被日益广泛地使用，因为人们认识到这些过程之间相互关联的动态性质，不仅包括由岩石构成的固态地球，也包括其上的海洋、脆弱的大气层，及其表面的薄薄一层生命体。我们生活的世界仿佛一颗洋葱，由一系列同心圈层构成：最外是磁层和大气层，继而是生物圈和水圈，再到固态地球的多个圈层。它们并非都是球形，有些圈层的实体性也远不如其他，但每个圈层都在努力维持着微妙的平衡。人们认为，这个系统的每个组成部分都不是固定不变的，其样态更像一个喷泉，整体结构或许能够维持不变，却会随着通过的物质和能量的大小而展现出不同的姿态。

如果岩石能开口说话

岩石和石子可算不上口若悬河的说书人。它们静坐着，任凭青苔聚集，推一把才会动一下，生性如此。然而地质学家有许多办法令其开口。他们敲打之、切割之、挤之压之、推之拖之，直到它们开口讲述——有时还真要裂开才行。如果你懂得如何观察，岩石会将它的历史娓娓道来。岩石表面是最近的历史：它如何受到风化侵蚀；那些风、水和冰留下的创痕，是它沧桑的容颜。还有些表面看不到的疤痕记录着热量和压力的时期，以及这块岩石被埋葬时的变形情况。当这些变化较为极端时，会形成所谓的变质岩。关于岩石的来历也不乏线索。有些痕迹表明，它曾被熔融并从地球深层强推而上，在火山爆发时喷薄而出，或者侵入存在于地表的其他岩石，这些是火成岩。岩石内部矿物颗粒的大小可以揭示它们冷却的速度有多快。大块花岗岩冷却缓慢，因此其中的晶体很大。火山玄武岩的固化速度很快，因而颗粒细小。先前的岩石经过碾压的碎片会组成新的岩石。就这些岩石而言，碎片的大小往往能够反映其形成过程中环境的力量：从在静水中沉积而成的细粒页岩和泥岩，到沙岩，再到由汹涌水流冲刷而成的粗粒砾岩。其他岩石，诸如白垩和石灰岩，乃是在生命系统从大气中吸收二氧化碳并使之在海水里迅速凝结的过程中，由化学物质沉积而成的，这一过程听上去仿佛是把蓝天变成了顽石。

就连单个的矿物颗粒也有自己的故事。矿物学家能利用高精度质谱仪逐一分辨这些矿物颗粒的微小成分，甚至能够揭示痕量成分中同位素的不同比例（即同种成分的不同原子的排列方式）。有时这些数据能帮助我们确定矿物颗粒形成的年代，从而了解它们是否来自更加古老的岩石。矿物学家还能揭示某一晶体（如钻石）穿过地幔时经历了哪些阶段。就从海生生物体中提取的矿物质而言，研究其碳氧同位素，甚至有助于测算在这些矿物质形成时海水的温度和全球气候。

其他世界

地球的问题就在于，我们只有一个地球。我们只能看到它当前的状态，无法判断这一切是不是一场美妙的巧合。这也就是地球科学家把关注的目光重新投向天文学的原因。有些新型望远镜的功能很强大，对红外和次毫米波长辐射极为敏感，能够用于深度观测恒星形成区，了解在我们这个太阳系生成的过程中，曾经发生过怎样的故事。在某些年轻的恒星周围，人们通过望远镜观察到满是尘埃的光环，即所谓的原行星盘，它们有可能是正在形成的新的太阳系。不过要找到一些完整成型的地球类行星则比较困难。直接观察这样一个行星围绕一颗遥远恒星的轨道旋转，就像在高亮度探照灯附近寻找一只小小的飞蛾。然而近年来，人们通过间接方法发现了一些行星，主要方法是监测母恒星在运动过程中由于重力作用产生的微小摆动。作用最明显，因而也最先被发现的那些行星，似乎比木星大得多，它们与其所环绕的恒星之间的距离也远小于地日距离。这样一来，就很难将其定义为"地球类行星"了。不过越来越多的证据表明，宇宙中确乎存在与我们的所在更加相像的多行星太阳系，但要找到像地球这样宜人的小行星可没那么容易。

为了直接看到这样的行星，需要使用人类一直梦寐以求的太空望远镜。美国和欧洲都在实施野心勃勃的计划，力图创建一个红外望远镜网络。其中每一台都要比哈勃太空望远镜大得多，必须将四五台这样的望远镜密集编队，把它们的信号组合在一起，才能解析整个行星。这些望远镜必须安置到木星那么远的位置，才能摆脱我们这个行星系所产生的浑浊不清的红外光的干扰。但那样一来，这些望远镜或许能够探测到遥远行星大气层中的生命迹象，尤其是，它们或许能够探测到臭氧。那也许意味着类地的气候和化学条件，外加游离氧的存在，据我们所知，这是只有生命体才能够维持的物质。

生命的迹象

1990年2月，"旅行者"1号探测器在遭遇木星和土星之后冲出太阳系，途中传回了整个太阳系的第一张图片；如果真有外星来客，他们看到的太阳系大概就是那样一幅图景。太阳这颗耀眼的恒星占据了整个画面，那已经是从60亿公里之外拍摄的，相当于我们通常观察太阳的距离的40倍。从图片上几乎看不到任何行星。地球本身比"旅行者"号携带的相机中的一个像素还要小，它发出的微弱光芒则缥缈如一束日光。这是我们全部的世界，看上去却不过是一粒微尘。但对于任何携带着适当工具的外星访客而言，那个小小的蓝色世界会立即引起他们的注意。与外行星狂暴肆虐的巨大气囊、火星的寒冷干燥或金星的酸性蒸汽浴不同，地球的一切条件都恰到好处。这里存在三种水相——液体、冰和蒸汽。大气组成不是已经达到平衡的死寂世界，而是活跃的，必须持续更新。大气中有氧气、臭氧，以及碳氢化合物的痕迹；这些物质如果不是在生命过程中持续更新，就不会长时间共存。这本身足以引起外星访客的注意，更不用说这里还有通信、广播和电视设备不绝于耳的聒噪了。

磁　泡

我们对地球物理学还所知甚少。这并不是说这门学问深不可测，而是我们这颗行星的物理影响大大延伸到星球的固体表面之外，深入我们所以为的寂寥太空。但那里并非虚无。我们住在一串泡泡里，它们像俄罗斯套娃一样层层嵌套。地球的势力范围之外，是由太阳主宰的更大的泡泡。而那个大泡泡之外则是彼此重叠的多个泡泡，它们是很久很久以前由恒星或超新星爆炸产生的碎片不断膨胀而形成的。所有这些泡泡都存在于我们的银河系中，银河系则是已知的宇宙之中诸多星系所组成的超星团的一员，而这个超星团本身，可能只是诸多世界的量子泡沫[①]中的一个泡泡而已。

在大多数情况下，地球的大气层和磁场都在保护我们免受来自太空的辐射危害。如果没有这层保护，地球表面的生命就会受到太阳紫外线和X射线、宇宙射线，以及星系间剧烈事件所产生的高能粒子的威胁。太阳还终年不断地向外吹送粒子风，其组成主要是氢原子核或质子。这股太阳风一般以400公里每秒的

---

① 又称时空泡沫，是1955年由美国物理学家约翰·惠勒（1911—2008）提出的量子力学概念。"泡沫"即为概念化的宇宙结构的基础。量子泡沫可用来描述普朗克长度（10^{-35}米）的次原子粒子时空乱流。在如此微小的时空尺度上，时空不再平滑，不同的形状会像泡沫一样旋生旋灭。

速度掠过地球，在太阳暴期间，速度会增加三倍。它会弥漫到数十亿公里之外的太空中，越过所有行星，也许还会越过彗星的轨道，那些彗星轨道与太阳的距离要比地日距离远上数千倍。太阳风非常稀薄，但足以在彗星接近太阳系的心脏部位时吹散彗尾，因此，彗尾总是指向偏离太阳的一方。在用薄如轻纱的巨型太阳帆来推进航天器这类富有想象力的提议之中，运用的也是同样的原理。

　　地球凭借着自身的磁场，即磁层，来躲避太阳风。太阳风带电，所以是一种电流，无法穿越磁场线。相反，它会压缩地球磁层的向阳一侧，就像是海上行船时的顶头波，并且顺着风向拖出一

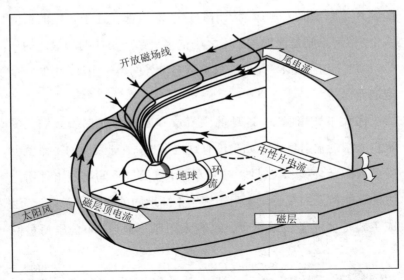

图2　地球磁包层图，太阳风将磁层向后扫进一个彗星式的结构。箭头指示电流的方向

个长尾，其长度几乎能够触及月球轨道。磁层中捕获的带电粒子在磁场线之间组成粒子带，并被迫旋转，从而产生了辐射。1958年，詹姆斯·范艾伦[①]在美国"探险者"1号卫星上放置了太空中第一个盖革计数器，首次发现了这些辐射带。要想延长航天器的使用寿命，就必须避开这些区域，没有防护设备的宇航员一旦进入这些区域，也会性命难保。

地球的磁场线冲向极地，太阳风中的粒子也会在那里进入大气层，向下射出活跃的原子，产生壮观的极光。在大气层顶部，太阳风自身的氢离子会产生粉红色的薄雾，其下方的氧离子产生红宝石色的辉光，而同温层中的氮离子则产生蓝紫色和红色的极光。偶尔，太阳风中的磁场线会被迫靠近地球的磁场线，使两者重新接合，这往往会导致能量的巨大释放，形成更加壮观的极光。

脆弱的面纱

大气层的顶部没有明确的高度；航天飞机所处的近地轨道距地面260公里，那里的气压只有地面的十亿分之一，几乎就处于大气层之外了。但那里每一立方厘米空气中仍有大约十亿个原子，这些热粒子带电，因而对航天器会有腐蚀作用。在太阳活动最剧烈的时期，大气层会轻微膨胀，对近地航天器产生更大的摩擦阻力，所以为了让这些近地航天器保持在轨道之中，必须加大推力。80公里之上的顶部大气层有时被称为热大气层，因为那里非常

---

① 詹姆斯·范艾伦（1914—2006），美国太空科学家。他促成了太空磁层场研究的创立，以发现范艾伦辐射带而知名。

热,不过那里的空气非常稀薄,不会灼伤皮肤。

　　大气层的这一区域还会吸收太阳发出的危险的 X 射线和部分紫外线辐射。因此,很多原子被"离子化"了,也就是说它们会失去一个电子。基于这一原因,热大气层也叫电离层。电离层导电,会反射某些频率的无线电波,这就是为什么全世界的人可以通过设置在地平线上方的发射机传送信号,听到短波无线电的广播。

　　地面之上仅仅 20 公里处,在热大气层、中间层和大部分同温层之下,大气中的空气含量仍不足 10%。正是在这一高度附近,存在一个稀薄的臭氧层,所谓臭氧,即含有三个氧原子的分子。含有两个原子的普通氧分子被太阳辐射分离时,其中的一些就会重组为三原子的臭氧。对地球而言,臭氧是一种高效的防晒霜。如果地球大气层中所有的臭氧都浓缩在地面,就会形成一层只有约三毫米厚的臭氧层。但它依然能够过滤近乎全部的短波紫外线辐射——这是太阳发出的最危险的辐射——以及大部分中波紫外线。因此,臭氧层让生命免受晒伤和皮肤癌的威胁。由于人类活动所释放的氯氟烃等化学物质的严重破坏,整个臭氧层变得稀薄,而在清寒的春季,极地区域上空特有的臭氧空洞也越来越多。各个国际协定的签署有效放缓了氯氟烃的释放,臭氧层应该会恢复如初,但化学物质会长期存在,臭氧层的复原仍需时间。

循环与周期

　　对流层位于大气层最接近地面的 15 公里范围内,是活动最频繁的区域,天气变化就发生在这里。云生云消,风起风止,地球上的温湿转换，都在这里进行。在一个充满生机的星球上，一切看上去都像是能量的循环和流动。在靠近地表的对流层，这些循环都是由太阳能驱动的。随着地球绕自轴旋转，生成明显的昼夜更迭，地面也随之冷热交替；地球绕太阳公转则产生了一年内的季节变换，这是因为两个半球轮换着接收到更多的阳光。但还有比这更长的周期，比如地轴以数十万年为周期来回摆动。

就像地球绕太阳旋转一样，月球也绕着地球旋转。绕行一圈大约需要28天，这正是月份的由来。随着地球绕轴自转，月球的引力拉动地球周围的海水上涨，引发了潮汐。潮汐还能够抑制地球自转，昼夜更迭随之放缓。四亿年前的珊瑚化石上的日增长带表明，当时的昼夜时间要比现在短几个小时。

月球有助于地球的公转轨道保持稳定，从而稳定了气候。不过还有比这长得多的周期在起作用。地球围绕太阳公转的轨道并非标准圆形，而是一个椭圆，太阳位于两个焦点之一。因此，地日距离随着地球的公转而时刻变化着。此外，变化程度本身也会在95 800年的周期内发生变化。而地球的自转轴也像失去平衡的陀螺那样，缓慢摇摆或按岁差旋进。在一个21 700年的时间周期，地轴的轨迹可以描绘成一个完整的锥形。当前，地球在北半球的冬季距离太阳最近。地球自转轴与其绕太阳公转的轨道间的倾斜度（倾角）也会在41 000年的时间周期内发生变化。这些所谓的米兰柯维奇循环①经过数万乃至数十万年的累积，就会对气

① 塞尔维亚地球物理学家和天文学家米卢廷·米兰柯维奇在描述地球气候整体运动时所提出的理论。

候产生影响。325万年来,地球受到冰川期等现象的影响,都被归咎于米兰柯维奇循环。但事实上原因很可能更加复杂,这些循环的作用往往还会被海洋循环、云量、大气组成、火山气溶胶、岩石的风化、生物生产力等因素放大或缩小。

太阳周期

变化周期并不仅限于地球,太阳也会变化。在其50亿年的生命历程中,太阳变得越来越热。然而同一时期,由于温室气体水平下降,地球的表面温度却要恒定得多。这主要是生命体在起作用,植物和藻类消耗了大量二氧化碳,而二氧化碳的作用就像一张毛毯,给年轻的地球保暖。太阳还发生了其他变化。常规的太阳周期为11年,其间太阳黑子活动由盛转衰,继而反映出太阳磁活动的周期,而太阳磁活动产生了太阳暴和太阳风。其他类日恒星似乎有大约三分之一的时间没有太阳黑子,这一状态被称为蒙德极小期[①]。我们的太阳在公元1645—1715年间曾发生过这种情况。太阳能只下降了大约0.5%,却足以让北欧陷入所谓的“小冰川期”,经历一连串极其严酷的冬天。彼时寒冬冰封了伦敦的泰晤士河,也就有了在冰面上举办的集市和霜降会[②]。

---

① 英国天文学家爱德华·沃尔特·蒙德(1851—1928)在进行太阳黑子与太阳磁力周期的研究时,发现在大约1645至1715年的这段时间,太阳黑子非常稀少,这个时期即后来以他的名字命名的蒙德极小期。

② 17至19世纪初期的某些冬天在伦敦泰晤士河潮汐水道上举办的集市。

炙热的空气

太阳并非普施温暖,赤道地区最暖和。空气受热膨胀,气压升高。为恢复平衡,就有了风和空气流通。在这一切发生的同时,地球继续自转,空气也因而获得了角动量。赤道地区的角动量最大,结果产生了所谓的科里奥利效应。大气层与固体的星球并非紧密耦合,因此,当赤道风起时,风的动量与其下地表的自转无关。也就是说相对于地表,风在北半球弯向右侧,而在南半球则弯向左侧。这形成了高气压和低气压的空气循环体系,也就是给我们带来雨水或阳光的天气系统。

大片陆地和山脉也会影响热循环和水分循环。比如,在喜马拉雅山脉隆起之前是没有印度季风的。最重要的是,海洋在储存热能和环球传输热能方面发挥了重大作用。海洋顶部两米的热容量与整个大气层相当。与此同时,洋流中也进行着热循环。但表层环流并非全部。北大西洋的湾流就很能说明问题。北大西洋湾流携带着来自墨西哥湾的暖水流向北部和东部,这也是欧洲西北部冬季的天气比美国东北部温和得多的原因之一。随着暖水流向北方,其中一部分蒸发到云中,因而即使英国人外出度假,他们头顶上似乎也总是笼罩着这团裹带着水蒸气的云。余下的海洋表层水冷却下来,盐度也与日俱增。如此一来,这些表层水的密度也会上升,最终下沉,向南流到大西洋深处,大洋环流的传送带至此结束。

突然袭来的严寒

大约11 000年前，地球结束了最后一次冰川期。冰雪融化，海平面上升，气候普遍变暖。紧接着，不过数年之后，天气突然再次变冷。这一变化在爱尔兰尤为突出，在那里，沉积岩芯中的花粉显示，植被突然从温带疏林恢复成苔原，后者主要是一种仙女木属植物。拉蒙特-多尔蒂地质观测所的沃利·布勒克尔对当时可能的情况进行了研究。随着北美地区的冰原后退，融化的淡水在加拿大中部形成了一个巨大的湖，其规模远比如今的北美五大湖地区要大得多。起初，湖水沿着一条大岩脊的方向流入密西西比河。随着冰层后退，东面突然出现了一条流向圣劳伦斯河的水路，海拔低得多。这个巨大冰冷的淡水湖几乎立即流向了北大西洋。入海的水量如此之大，海平面随即上升了30米之高。入海的淡水稀释了北大西洋表层水的盐分，事实上制止了大洋环流的传送带。因此，再也没有流向北大西洋的暖流，极寒天气卷土重来。1000年后，就像此前突然消失一样，大洋环流突然又重新开始，温暖的气候也回来了。

北大西洋的深水与南极地区冰冷的底层水一起，在远至印度洋和太平洋的深处找到了归宿。深层流持续汇入北太平洋，在其再次上升到表面之前，慢慢积累了各种养分。

全球温室

地球大气层中某些气体的作用就像温室的玻璃一样，把阳光放进来加热地表，却也能阻止所产生的红外热辐射逸出。如果不是温室效应的作用，全球平均气温会比现在低15℃左右，生命几乎无法维系。温室气体主要是二氧化碳，但包括甲烷在内的其他气体也起着重要作用。水蒸气也一样，人们有时会忘记它在这方面的贡献。在数亿年时间里，植物通过光合作用从大气中消除二氧化碳，动物通过呼吸产生二氧化碳，已经形成了一个大致的平衡。大量的碳埋藏在石灰岩、白垩和煤炭等沉积物中，火山爆发则将碳从地球内部释放出来。

近年来，人们越来越关注所谓的温室效应加剧，即人类活动引起大气层中的温室气体水平显著上升。煤炭和石油等化石燃料的燃烧是罪魁祸首，但农业活动会产生甲烷，砍伐森林会从木材和土壤中释放二氧化碳，植被减少使得二氧化碳无法被再次吸收等，也难辞其咎。气候模型显示，这些活动可能会导致全球气温在下个世纪上升若干度，同时伴随着更为剧烈的极端气候，并有可能导致海平面上升。

气候变化

1958年以来，有人仔细记录了夏威夷某座孤峰上二氧化碳水平持续的年增长率。全世界连续130多年的精确气候数据证实，全球平均气温升高了半度左右，最近30年的影响尤为显著。但自然界的气候记录可以追溯到很久以前的远古时期。树木的年轮载列出在它们存活期间干旱和严霜的发生以及野火的频率。从现今保存的木材的重叠层序向前推测，可以显示5万年前的气候状况。珊瑚的生长轮可揭示同一时段的海表温度。沉积物中的花粉粒记录了700万年间植被格局的变迁。地形展现了过去的冰川作用和数十亿年间的海平面变化。但某些最为精确的记录来自钻探得到的冰核与海洋沉积物。冰核不但显示了积雪的速度及圈闭的火山灰，冰里的气泡还提供了雪中圈闭的远古大气样本。氢、碳和氧的同位素也能标示当时的全球温度。如今，南极洲和格陵兰的冰层记录能够追溯到40万年以前。大洋钻井计划在全球各处的海洋沉积物中取样，可获得远至1.8亿年前的记录。圈闭在这些沉积物中的微体化石的同位素比值可以揭示出温度、盐度、大气二氧化碳水平、大洋环流，以及极地冰冠的范围。所有这些不同的记录表明，气候变化是无可逃遁的现实，在漫长的过去，气候要比我们如今体验到的暖和得多。

生命的网络

生命是地球最脆弱的圈层，但它或许对地球产生了最为深远的影响。如果没有生命，地球也许会像金星一样，成为一个失控的温室世界，或是像火星一样，成为一片寒冷的沙漠。当然也不会有温和的气候和为我们提供养分的富氧大气。我们已经知道，原始藻类通过吸收二氧化碳覆盖层，破坏了年轻地球的隔热罩，一度跟为之供暖的太阳亦步亦趋。独立科学家詹姆斯·洛夫洛克认为，这样的反馈机制将陆地气候维持了20亿年以上。他使用古希腊神话中大地女神"盖亚"（Gaia）的名字为该机制命名。洛夫洛克并未假称这一控制中存在着任何有意识或有预谋的成分；"盖亚"没有什么神力。但主要以细菌和藻类形式存在的生命,的确在这一自我平衡的过程中起到了举足轻重的作用,使地球变得宜居。一个名为"雏菊世界"的简单计算机模型显示,两个或两个以上的竞争物种能够在适于生存的限制条件下建立起控制环境的负反馈机制。洛夫洛克猜想,随着人类活动加剧温室效应,地球的全球系统会逐步适应这种变化,即使这类适应可能对人类不利。

碳循环

碳元素在无休无止地移动。每年大约有1280亿吨碳通过陆地上的种种过程,以二氧化碳的形式释放到大气中,而几乎同样大量的碳又会立刻被植物和硅酸盐岩石风化所吸收。海上的情况与之类似,只是吸收量比释放量略多一些。如果没有火山爆发以及每年燃烧化石燃料所释放的50亿吨碳,整个系统大致会处于平衡状态。大气层中保持的碳总量相当少——只有7.4亿吨,仅比陆地上的动植物所保持的略多一些,比海洋生物所保持的略少一些。相比之下,以溶剂方式储存在海洋中的碳总量洋洋可观,高达340亿吨,而储存在沉积物中的碳总量比这还要高出2000倍。因此,在碳循环中,溶解和沉淀等物理过程可能比生物过程更为重要。但生命体似乎手握王牌。浮游植物所结合的碳会被释放回海水中,如果不是由于桡足动物粪球粒的物理属性,接下来也将非常迅速地释放到大气中。桡足动物是一种微小的浮游动物,其排泄物是质地紧密的小颗粒,可以缓慢地沉入深海,至少暂时将其中所含的碳从碳循环中除去。

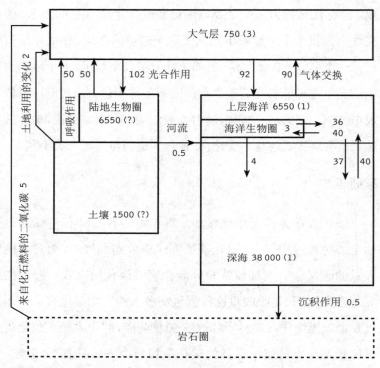

图3 碳循环。这一简化图表显示了储存在大气层、海洋和陆地中的碳总量（以10亿吨为单位）估计值。箭头旁的数字表示储存量的年度变化值，括号中的数字表示年度净增值。与大多数其他变化量相比，燃烧化石燃料的贡献值很小，但足以打破平衡

宛若洋葱

　　地球的内部就像一颗洋葱，由一系列同心壳或同心层组成。顶部是一层硬壳，海洋下的平均厚度为7公里，大陆下为35公里。这层硬壳位于地幔上方坚硬的岩石层之上，其下是较为柔软的软

流层。上地幔的范围深达670公里左右，下地幔则深至2900公里。在一层薄薄的过渡层下，是熔融的铁所组成的液态外核以及大小相当于月球的固态铁质内核。但这不是一颗完美的洋葱。各圈层之间存在着横向差异，圈层的厚度也不尽相同，而且我们现在知道，圈层之间还持续进行着物质交换。我们的星球与完美的洋葱模型之间最显著的差异，正是现代地球物理学最不关心也

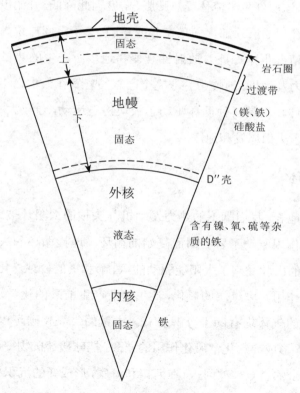

图4　地球径向切面上显示的主要"洋葱"圈层

最漠视的部分,而我们恰可以从那里找到线索,了解是哪些过程在驱动整个系统的运行。

熔岩灯

还记得1960年代流行的熔岩灯和后来数不清的复古产品吗?它们是地球内部运转过程的绝佳模型。关灯时,在透明的油质层之下有一层红色的黏性半流体物质。开灯时,底部的灯丝将其加热,这层红色半流体受热膨胀,密度因此降低,开始以延展的块状上升到油层顶部。一旦充分冷却,它又下沉回原位。地球的地幔中情况也是如此。放射性衰变和地核所产生的热量驱动着某种热力发动机,地幔中并非完全固态的岩石在数十亿年时间里缓慢循环。正是这种循环驱动了板块构造运动,导致大陆漂移,并引发了火山爆发和地震。

岩石循环

在地表,我们脚下的热力发动机与头顶的太阳灶彼此呼应,其协同作用驱动了岩石周而复始的循环。地幔循环和大陆碰撞所抬升的山脉受到了太阳能驱动的风、雨和雪的侵蚀。化学过程也在起作用。大气层的氧化,活生物所产生的酸的化学溶解,以及溶解的气体均有助于分解岩石。大量的二氧化碳可以溶解在雨水中,形成导致化学风化作用的弱酸,把硅酸盐矿物变成黏土。这些残余的岩石被冲回,沉在河口和海底,形成新的沉积物,最终被抬升形成新的山脉,或沉回地幔进入深层的再循环。整个过程

行星数据

赤道直径	12 756 公里
体积	1.084×10^{12} 立方公里
质量	5.9742×10^{24} 公斤
密度	水的 5.52 倍
表面重力	9.78 米 / 秒$^{-2}$
逃逸速度	11.18 公里 / 秒$^{-1}$
昼长	23.9345 小时
年长	365.256 天
轴向倾角	23.44°
年龄	大约 46 亿年
距离太阳	近日点：1 亿 4700 万公里
	远日点：1 亿 5200 万公里
表面积	50 亿 9600 万平方公里
陆地表面	1 亿 4800 万平方公里
海洋覆盖	71% 的表面积
大气层	氮气 78%，氧气 21%
陆壳	平均 35 公里厚
洋壳	平均 7 公里厚
岩石圈	深达 75 公里
地幔（硅酸盐）	2900 公里厚
	基部温度约 3000°C
外核（液态铁）	2200 公里厚
	基部温度约 4000°C
内核（固态铁）	1200 公里厚
	中心温度高达 5000°C

是由结合进矿物结晶结构中的水来润滑的。这一岩石循环由18世纪的詹姆斯·赫顿①首先提出，但他当时并不清楚循环发生的深度及其时间尺度。

到目前为止，我们只是粗略介绍了我们这个神奇星球的皮毛而已。接下来我们就要启程，去挖掘岩石深处和那遥远的过去的秘密了。

---

① 　詹姆斯·赫顿（1726—1797），英国地质学家、医生、博物学家、化学家和实验农场主。他在地质学和地质时期领域提出了火成论和均变论，为现代地质学的发展奠定了基础。

第二章
"深时"

太空很宽广。实在太宽广了……你或许觉得沿街一路走到药房已经很远了，但对于太空而言也就是粒花生米而已。

——道格拉斯·亚当斯,《银河系搭车客指南》

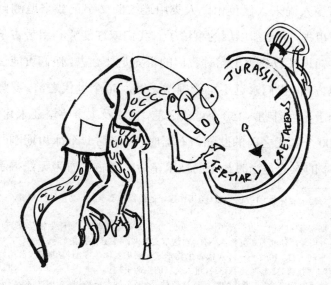

（图中文字按顺时针方向依次为：侏罗纪，白垩纪，第三纪）

世界不仅空间维度巨大，其时间之久远更是超出人们的想象。如果不了解约翰·麦克菲[①]、斯蒂芬·杰伊·古尔德[②]和亨利·吉[③]等作家笔下的"深时"[④]，就无法全面掌握地质学的各种概念和运作过程。

我们大都认识自己的父母，许多人还记得祖父母，但只有少数人见过曾祖父母。他们的青年时代比我们所处的时代早一个多世纪，那对我们来说相当陌生，因为我们的科学认识和社会结构都已大不相同。仅仅十几代之前，英格兰还在伊丽莎白一世的统治之下，机械化运输和电子通信还是人们做梦也想不到的事，欧洲人才首次探索美洲。30个世代之前，距离现在就有1000年，那时诺曼人尚未入侵英伦。人类用连续的文字记载来追溯自己的直系祖先，也是那以后的事情了。我们或许能够利用考古学和遗传学知识大致分辨出当时我们的祖先是什么人，他们可能住在什么地方，但我们永远不可能确凿无疑。50个世代之前，罗马帝国正处于全盛时期。150个世代之前，古埃及大金字塔还未建成。大约300个世代之前的欧洲新石器时代，最后一个冰川期刚刚结束，基本的农业是当时最新的技术革命。考古学看来无法揭示我

----

① 约翰·麦克菲（1931—　　），美国作家。他被视为创意纪实写作的先驱者，1999年获普利策奖。

② 斯蒂芬·杰伊·古尔德（1941—2002），美国古生物学家、演化生物学家、科学史学家与科普作家。他的主要科普作品有《自达尔文以来》《熊猫的拇指》等。

③ 亨利·吉（1962—　　），英国古生物学家和演化生物学家，科学期刊《自然》高级编辑，著有《寻找深时：超越化石记录，进入全新的生命史》等。

④ 地质时间概念，其所指的时间远远超过《圣经·创世记》中暗示的区区数千年，达到数十亿年。现代哲学意义上的"深时"概念由18世纪苏格兰地质学家、人称"现代地质学之父"的詹姆斯·赫顿提出。从那以后，现代科学经过漫长而复杂的发展，确定地球的年龄约为45.4亿年。

们的祖先当时身居何处，尽管通过比较母系遗传的线粒体DNA（脱氧核糖核酸）可以确定大致的区域。给这个数字再加一个0，我们就回到了3000个世代之前，也就是10万年前。在这个时期，我们无法追溯任何现存种族群体的独立血统。线粒体DNA表明，在那之前不久，所有的现代人类在非洲拥有一个共同的母系祖先。然而从地质时间的角度来看，此皆近世之事。

这个时间乘以10，也就是100万年前，关于现代人类的线索就无从查考了。再乘上10，就能看到早期类人猿祖先的化石遗迹。在如此久远的过去，我们无法指着某个单一的物种，肯定地说我们的祖先就在这些个体之间。再乘上10，即一亿年前，就是恐龙生活的年代。那时人类的祖先一定还是些类似鼩鼱的微小生物。10亿年前，也就回到了最初的化石之间，可以辨认的动物或许还一只都没有出现。100亿年前，太阳和太阳系还没有诞生，如今组成人类生存的星球和人类本身的原子，当时还在其他恒星的核反应堆中炙烤沉浮。时间的确深邃悠远。

再来考虑一下区区数代间可发生哪些变化。与地球的年纪相比，人类的历史微不足道，然而几个世纪就见证了多次火山喷发、惨烈地震和毁灭性的滑坡。再想想破坏性不那么剧烈的变化，它们一直绵延不断。在30个世代之内，喜马拉雅山脉的若干部分升高了一米或更多。但与此同时，它们受到的侵蚀很可能多于一米。一些岛屿诞生了，另一些则被淹没。一些海岸由于受到侵蚀而变矮了数百米，另一些却高耸于水面之上。大西洋加宽了大约30米。好了，把所有这些距今较近的变化乘以10、100或

1000，就可以看到在地质学上的"深时"期间，宇宙间可能发生了什么。

洪水与均变性

人类从史前时期就注意到了化石遗迹。某些古代的石器经过打磨削尖的一番折腾，似乎单纯就是为炫耀那些贝壳化石。一个古代伊特鲁里亚①的墓穴中就放置了一株巨型苏铁类植物的树干化石。但了解化石性质的努力却从近代才刚刚开始。地质科学最初兴起于信仰基督教的欧洲，那时人们的信仰主要源自《圣经》故事，因而在山区高地发现已灭绝生物的贝壳和骨头并没有令他们吃惊：那些都是在《圣经》记载的大洪水中消失的动物的遗骸。所谓的水成论者甚至认为花岗岩是远古海洋的沉淀物。洪水之类本是上帝的极端行为，这一概念促使人们想象地球是由大灾难造就的，直至18世纪末，这一直是普遍接受的理论。

1795年，苏格兰地质学家詹姆斯·赫顿出版了《地球论》（*Theory of the Earth*），该书如今已成名著。书中常被引用的一句话（尽管是改述的概要）是"现在是通往过去的一把钥匙"。这是渐变论或均变论的理论，该理论认为，要想了解地质过程，就必须观察当前正在发生的那些几乎察觉不到的缓慢变化，然后只需在历史上加以追溯即可。查尔斯·莱尔②阐述了这一理论并始终

① 公元前12世纪至前1世纪的意大利中西部古国，大致在如今的托斯卡纳地区。
② 查尔斯·莱尔（1797—1875），英国地质学家。他的理论多源自他前一代的地质学家詹姆斯·赫顿。他的巨著《地质学原理》影响巨大，查尔斯·达尔文在"小猎犬"号旅行期间就携带了此书。

为之辩护，他生于1797年，赫顿恰是在那年去世的。赫顿与莱尔两人都试图将对创世和洪水等事件的宗教信仰搁置一旁，提出作用于地球的渐进过程是无始无终的。

确定创世的年代

试图计算地球年龄的努力最初起源于神学。所谓的神创论者照字面意义解释《圣经》，因而坚称神创造世界仅用了七个整天，要算是相对近代的事。圣奥古斯丁在其对于《圣经·创世记》的评注中指出，上帝的视野远在时间之外，因而《圣经》中所提到的创世期间的每一天都可能比24小时长得多。就连在17世纪被人们广泛引用、由爱尔兰的厄谢尔大主教做出的估计——地球是公元前4004年创造出来的——也只是为了估算地球的最小年龄，而且是基于对史料的仔细研究，尤其是好几代大主教和《圣经》中提到的诸位先知所记载的史料。

首次基于地质学估计地球年龄的认真尝试是1860年由约翰·菲利普斯所为。他估计了当前的沉积速率和所有已知地层的累积厚度，估算出地球的年龄将近9600万年。威廉·汤普森——后来的开尔文勋爵——继承了这一观点，基于地球从起初的熔融态炙热球体冷却所需的时间，做出了估计。值得一提的是，他起初估算出的地球年龄也是非常接近的数字，即9800万年，不过后来他进一步推敲，将其缩短至4000万年。但均变论者和查尔斯·达尔文认为他们估算的年代还是太近，基于达尔文提出的自然选择演化论，物种的起源需要更长的时间。

20世纪初，人们认识到额外的热量或许来自地球内部的放射现象。因此，基于开尔文的构想，地史学得以拓展。然而，最终促使我们如今对地球年龄进行日益精确估计的，还是对放射现象的理解。很多元素都以不同的形态或同位素的形式存在，其中一些具有放射性。每一种放射性同位素都有其独特的半衰期，在此期间，该种元素任意给定样品的同位素均可衰变一半。就这种同位素本身而言，这没有什么用处，除非我们知道衰变开始时的准确原子数量。但通过测量不同的同位素的衰变速率及其产物，就有可能得到异常精确的年代。20世纪早期，欧内斯特·卢瑟福①宣布，某种名为沥青铀矿的放射性矿物，其一份特定样品的地质年龄有7亿年之久，比当时很多人认为的地球年龄要长得多。此言一发即引起了巨大轰动。后来，剑桥大学物理学家R.J.斯特拉特②通过累计钍元素衰变所产生的氦气证明，一份来自锡兰（今斯里兰卡）的矿物样品的地质年龄已逾24亿年。

　　在放射性测定地质年代方面，铀是一种很有用的元素。铀在自然界有两种同位素——它们是同一元素的不同形式，差别仅在于中子的数量，因而原子量也有差别。铀238经由不同的中间产物最终衰变成铅206，其半衰期为45.1亿年，而铀235衰变成铅207，其寿命不过7.13亿年。对从岩石中提取的这四种同位素进

---

　　①　欧内斯特·卢瑟福（1871—1937），出生于新西兰的英国物理学家，被誉为原子核物理学之父。

　　②　瑞利·约翰·斯特拉特（1842—1919），与威廉·拉姆齐合作发现了氩元素，并因此获得了1904年的诺贝尔物理学奖。

用于测定地质年龄的某些放射性同位素

同位素	产物	半衰期	用途
碳 14	碳 12	5730 年	确定长达 5 万年前的有机残余物的年代
铀 235	铅 207	7.04 亿年	确定侵入体和个体矿物颗粒的年代
铀 238	铅 206	44.69 亿年	确定远古地壳中个体矿物颗粒的年代
钍 232	铅 208	140.1 亿年	同上
钾 40	氩 40	119.3 亿年	确定火山岩的年代
铷 87	锶 87	488 亿年	确定坚硬的火成岩和变质岩的年代
钐 147	钕 143	1060 亿年	确定玄武质岩和非常古老的陨石的年代

行比率分析，加之以衰变过程中产生的氦气累计，就可以给出相当准确的年代。1913 年，阿瑟·霍姆斯[①]使用这一方法，首次准确估计了过去 6 亿年间各个地质时期的持续年代。

放射性测定地质年代技术的成功在相当程度上得益于质谱仪的效力，这种仪器实际上可以将单个原子按重量排序，因而使用非常少量的样品即可给出痕量组分的同位素比率。但其准确性取决于有关半衰期的假设、同位素的初始丰富度，以及衰变产物随后可能发生的逸出。铀同位素的半衰期令其很适合用于测定地球上最古老的岩石。碳 14 的半衰期仅为 5730 年。在大气层中，碳 14 由于宇宙射线的作用而不断得到补给。一旦碳元素被植物吸收，植物死亡后，同位素不会再得到补给，从那一刻起，碳 14 的衰变就开始了。因此，用它来测量诸如考古遗址的树木年龄等

---

① 阿瑟·霍姆斯（1890—1965），英国地质学家。他对于地质学的理解做出了两大贡献：其一是倡导放射性矿物确定年代的应用，其二是理解地幔对流的机械和热力学意义，这最终促成板块构造学说被广泛接受。

再合适不过了。然而事实上，大气层中的碳14含量是随着宇宙射线的活动而变化的。正因为已知树木的年轮就可以独立计算出年代，我们才知道可以用碳14作为测定工具，并对长达2000年的碳定年予以校正。

地质柱状剖面

仔细观察某个崖面上的一段沉积岩，能看出它包含若干层。有时，与洪水和干旱相对应的年层是肉眼可见的。更多时候，地层代表成千上万甚至数亿年间偶然发生的灾难性事件，或者缓慢而稳定的沉淀，紧随其后发生的环境变化会导致岩石层略有不同。如果古岩石片段纵深很长，像美国亚利桑那州的大峡谷那样，则表示有数亿年的沉积。人类天生喜爱分门别类，多层沉积岩显然很能迎合这一癖好。但在观察一个体量狭窄的平层崖面时，人们很容易忘记这些岩层在全世界范围内并不是连续的。整个地球从来没有被类似沉积岩那样的单一海洋浅覆层覆盖过！正如现今地球上有河流、湖泊，还有海洋、沙漠、森林和草原，远古时期也一样，那时地球上也存在着一系列壮观的沉积环境。

地质年代的主要分期

19世纪初，英国土木工程师威廉·史密斯首先了解到这一点。他当时在为英国的新运河网勘探地形，发现国内各地的岩石有时会包含相似的化石。在某些情况下，岩石的类型相同，而有

地质年代的主要分期

宙	代		纪		世	
显生宙	新生代		第四纪		全新世	0.01
					更新世	1.8
		第三纪	晚第三纪		上新世	5.3
					中新世	23.8
			早第三纪		渐新世	33.7
					始新世	54.8
					古新世	65.0
	中生代		白垩纪		晚白垩世	
					早白垩世	142
			侏罗纪		晚侏罗世	
					中侏罗世	
					早侏罗世	205.7
			三叠纪		晚三叠世	
					中三叠世	
					早三叠世	248.2
	古生代		二叠纪		晚二叠世	
					早二叠世	290
			石炭纪	宾夕法尼亚亚纪	晚石炭世	323
				密西西比亚纪	早石炭世	354
			泥盆纪		晚泥盆世	
					中泥盆世	
					早泥盆世	417
			志留纪		晚志留世	
					早志留世	443
			奥陶纪		晚奥陶世	
					中奥陶世	
					早奥陶世	495
			寒武纪		晚寒武世	
					中寒武世	
					早寒武世	545
前寒武纪	远古宙					2500
	太古宙					4000
	冥古宙					4560

图5 地质年代的主要分期（不按比例）。所列年代（位于右侧，以距今百万年为单位）是2000年国际地层委员会表决通过的

时只是化石相似。史密斯以此为依据，为不同地方的岩石建立关联，并设计出一个全面的序列。最终，他发表了世界上第一张地质图。20世纪人们又测定出很多地质年代，加之不同大陆间的岩石被关联起来，就能够发布一个单一岩层序列，用来代表整个世界范围内的各个地质时期了。我们如今所知的地质柱状剖面是多种技能相结合的产物，推敲经年，并经国际协作，达成了一致意见。

灭绝、非均变，以及大灾难

显然，地质柱状剖面中的某些变化更加剧烈，人们根据这一便利，将地质历史划分为不同的代、纪和世。有时，岩石性质会发生突然而显著的变化，跨越了某一地质历史界限，这表明环境出现了重大变化。有时会发生所谓的非均变，是由诸如海平面变化等原因导致的沉积作用中断，因而要么沉积作用终止，要么岩层在柱状剖面延续之前便被侵蚀殆尽。化石所记录的动物区系的重大变化也是这类突变的标志，很多物种灭绝了，新的物种开始出现。

地质记录中出现的几次间隔突出显示了其间发生的严重的大规模物种灭绝。寒武纪末期和二叠纪末期都以海洋无脊椎动物中将近50%的科类物种和高达95%的个体物种的灭绝为标志。在标记了三叠纪后期和泥盆纪后期的物种灭绝期间，分别有大约30%和略低于26%的科类物种消失了，但是，距今最近也最著名的大规模消亡则发生在6500万年前的白垩纪末期。所谓的K/T

界线①之所以举世皆知，不仅因为在此期间最后一批恐龙灭绝，还因为它为该物种灭绝的原因提供了充分证据。

来自太空的威胁

沃尔特②和路易斯·阿尔瓦雷茨③首先提出，恐龙灭绝可能是天体碰撞的结果，此提法起初并没有多少科学依据。但是，他们随即发现，在地质柱状剖面中的那一个时间点上，沉积物窄带中富含铱，这是某些类型的陨石中富含的元素。但没有发现那一时期的撞击坑的迹象。再后来，证据开始出现，不是来自陆地，而是在墨西哥尤卡坦半岛离岸很近的海中，这一掩在海下的撞击坑直径达200公里。在广阔得多的区域还发现了碎片的证据。如果像科学家们计算的那样，这一地点标记了直径或达16公里的小行星或彗星撞击地球的位置，其结果的确会是毁灭性的。除了撞击本身的影响及其所导致的海啸，如此众多的岩石也将会蒸发并散布在地球的大气层中。起初，气候会无比炎热，辐射热会引发地面上的森林火灾。灰尘会在大气层中停留数年之久，遮天蔽日，造成环球严冬，导致食用植物和浮游生物大量死亡。撞击地点的海床含有富硫酸盐矿物的岩石，这些物质会蒸发，并导致致命的酸雨从大气层中冲刷而下。如果发生了这样的灾难还有任何生物幸

---

① 白垩纪与第三纪的界线。

② 沃尔特·阿尔瓦雷茨（1940— ），美国地质学家，任教于加州大学伯克利分校地球与行星科学系，因与其父共同提出恐龙灭绝是因为小行星或彗星撞击地球的理论而闻名。

③ 路易斯·阿尔瓦雷茨（1911—1988），沃尔特·阿尔瓦雷茨的父亲，西班牙裔美国实验物理学家，1968年获诺贝尔物理学奖。

存下来,才真是令人称奇。

来自内部的威胁

我们曾一度很难理解物种大规模灭绝究竟是如何发生的,而如今出现了很多彼此对立的理论,又让人不知道该信哪个好了。这些理论多涉及剧烈的气候变化,有些由宇宙撞击或海平面、洋流和温室气体的变化所引发,还有些是由诸如漂移或重大的火山活动等地球内部的原因所导致的。的确,我们所知的大多数物种大灭绝似乎至少都与溢流玄武岩大喷发大致同时发生。在白垩纪末期,正是这些大喷发在印度西部产生了德干地盾。甚至还有一种观点认为,小行星的一次大撞击引起了在地球另一侧聚焦的冲击波,从而引起了大喷发。但是时间和方位看来并不足以支持那种解释。无论是何原因,生命和地球的历史总是不时被一些灾难性事件打断。

混乱占了上风

我们都记得过去十年左右所经历的极端气候事件,像是最寒冷的冬天、洪水、暴风雨,或是干旱等等。若把时间推回到一个世纪之前,恐怕只有那些更大的事件才会令人印象深刻。专家在规划水灾的海岸维护与河流防线时,经常会使用"百年不遇"的概念;这些防线的设计要经得起百年一遇的洪水才行,它们很可能比十年一遇的洪水要严重得多。但如果把考察的时间延展到1000年或100万年,总还会有更大、更严重的事件。据某些理论家所言,从水灾、暴风雨和干旱,到地震、火山喷发和小行星撞击,皆是如此。在地质历史的尺度上,我们可要小心点儿才是!

更加深邃的时间

书本中经常列出的地质时期表只会回溯到大约6亿年前寒武纪开始的时间,而忽略了我们这个星球40亿年的历史。正如美国加州大学的比尔·舍普夫[①]教授所说,大多数前寒武纪岩石的问题,在于它们无法鉴定——乱七八糟,没有任何方法可以识别。地球内部持续的构造再处理,以及地表风化和侵蚀的不断打击,意味着好不容易幸存下来的大多数前寒武纪岩石都有着严重的折痕和变形。不过,在大多数晴朗之夜,人们都可以看见有40多亿年历史的岩石——得要举头望明月,而不是低头看地球。月球是个冰冷死寂的世界,没有火山和地震、水或气候来改换新颜。它的表面覆盖着陨石坑,但其中大多数都是在月球形成的早期出现的,当时太阳系里还充满着飞散的碎片。

至于在地球上幸存下来的前寒武纪岩石,它们诉说着一个古老而迷人的故事。它们并不像达尔文猜想的那样全无生命的痕迹。的确,在前寒武纪末期,从大约6.5亿年前到5.44亿年前,曾经出现了各种怪异的化石,特别是在澳大利亚南部、纳米比亚和俄罗斯等地。在那以前似乎有过一个特别严酷的冰河作用时期。

---

① 比尔·舍普夫(1941—),美国古生物学家,在加州大学洛杉矶分校教授地球科学。

有人使用了"雪球地球"这种说法,表示环球的海洋在当时有可能全部冻结。对生命而言,那必定是一个重大的挫折,并且没有多少证据能够证明在此之前出现过多细胞生命形式。但大量证据表明那时已经出现了微生物——细菌、蓝细菌和丝状藻类。澳大利亚和南非有距今大约35亿年的丝状微化石,而格陵兰岛38亿年高龄岩石中的碳同位素看上去也像生命的化学印记。

在起初的7亿年历史中,地球一定特别荒凉。当时有为数众多的大撞击,剧烈程度远甚于或许造成了恐龙灭绝的那一次。后一次重轰炸期的疤痕还能在月球上的月海中看到,那些月海本身就是巨大的陨石坑,充满了撞击所熔融的玄武岩熔岩。这样的撞击会熔融大量的地球表面,并无疑会把任何原始海洋蒸发殆尽。如今我们星球上的水很可能来自随后的彗星雨及火山气体。

生命的曙光

人们一度认为,地球早期的大气层是甲烷、氨、水和氢的气体混合物,这是组成原始生命形式的碳的潜在来源。但如今人们认为,来自年轻太阳的强烈紫外线辐射迅速分解了那种气体混合物,产生了二氧化碳和氮气的大气层。生命的起源仍是个未解之谜。甚至有人认为,生命可能源自外星,是来自火星或者更远星球的陨石抵达地球后带来的。但当前的实验室研究表明,某些化学体系可以开始进行自我组织并催化其自身的复制。有关现今生命形式的分析指出,最原始的生命并非那种以有机碳为食,或利用阳光助其光合作用的细菌,而是如今在深海热液喷溢口发现的那种利用化学能的细菌。

到35亿年前，几乎必然存在着微小的蓝细菌，多半也已经出现了原始藻类——就是我们如今在死水塘中看到的那种东西。这些生物开始产生了戏剧性的效果。它们利用阳光作为光合作用的动力，从大气层中吸收二氧化碳，有效地侵蚀着二氧化碳保护层，这可是在太阳作用较弱时通过温室效应给地球保暖的。这或许最终导致了前寒武纪末期的冰川作用。但在此很久以前，这些生物的作用就已经导致空前绝后的最糟糕的污染事件。光合作用释放了一种此前从未在地球上存在过的气体——氧气，对很多生命形式可能是有害的。起初，氧气不能在大气层中长期存在，但它很快就与海水中溶解的铁元素发生反应，产生了条带状氧化铁的密集覆层。整个世界都生锈了——这可不是什么夸张的说法。但光合作用仍在继续，大约24亿年前，游离氧开始在大气层中逐渐积累，为可以呼吸氧气和进食植物的动物生命的到来铺平了道路。

地球的诞生

大约45亿年前，曾有一大片气体尘埃云，这是以前若干代恒星的产物。在重力的影响下，这片云开始收缩，其过程或许还由于附近某颗恒星爆炸或超新星的冲击波而加速。随着这片云的收缩，其内的轻微旋转加速，将尘埃散布出去，在原始星体周围形成扁平的圆盘。最终，主要由氢和氦组成的中心物质收缩到足以在其核心引发核聚变反应，太阳开始发光。一阵带电粒子的风开始向外吹,清除了周围的部分尘埃。在这片星云或圆盘的内部,只剩下耐火的硅酸盐。在远处,氢和氦加速形成了庞大的气体行星——土星和木星。水、甲烷和氮等挥发性冻结物被推到更远处,形成了外行星、柯伊伯带①天体和彗星。

内行星——水星、金星、地球和火星——是由已知的增积过程形成的,起初粒子彼此碰撞,有时会裂开,偶尔也会彼此联合。最终,较大的粒子团积累足够的重力引力,把其他粒子团拉向它们。随着体积的增长,撞击的能量也增加了,撞击熔融了岩石并导致其成分析出,其中密度最大、富含铁元素的矿物质下沉形成了核心。在撞击、重力收缩释放的能量,以及放射性同位素衰变等多重作用之下,崭新的地球变得十分炙热,大概至少有一部分被熔解了。前太阳星云②中的很多放射性元素可能在超新星爆炸前不久就产生了,仍因其具有放射性而十分炎热。因此,地球表面起初很难有液态水存在,而且最初的大气层可能多半都被太阳风吹散了。

青出于蓝

长期以来,月球的形成对科学界来说一直是一个谜。人们一度认为月球是从年轻的地球中分离出去,在地球旁边形成,或在

---

① 太阳系海王星轨道外黄道面附近天体密集的中空圆盘状区域,以荷裔美籍天文学家杰拉德·柯伊伯(1905—1973)命名。

② 科学家通过对古陨石的研究,发现了短暂同位素(如铁60)的踪迹,该元素只能在爆炸及寿命较短的恒星中形成。这表示在太阳形成的过程中,附近发生了若干次超新星爆发。其中一颗超新星的冲击波可能在分子云中造成了超密度区域,导致该区域塌陷。这种塌陷气体区域被称为"前太阳星云",其中的一部分形成了太阳系。

经过地球时被其捕获的，但月球的组成、轨道和自转与这种说法并不吻合。然而现在有一个理论很合乎情理，也用计算机模型进行了很有说服力的模拟。该理论指出，一个火星大小的原行星曾在太阳系形成大约5000万年之后与地球发生了碰撞。这一抛射物的核心与地球的核心相融合，撞击力熔融了地球的大部分内部物质。撞击物的大部分外层，连同某些地球物质一起被蒸发并投入太空。其中的许多物质聚集在轨道中，累积合生，形成了月球。这次灾难性事件让我们收获了一个良朋挚友，它对于地球似乎有着稳定的作用，防止地球自转轴的无序摇摆，因而让我们的行星成为生命更宜居的家园。

第三章

地球深处

　　地球的表面覆盖着一层相对较薄的冷硬外壳。在海洋下面，这层外壳大约有七八公里厚，而就大陆而言，其厚度则是30—60公里。其基部是莫氏不连续面①，又称"莫霍面"，它可以反射地震波，这大概是由于它的组成发生了变化，变成了其下地幔的致密岩石。岩石圈是地球表面上一层冰冷坚硬的物质所组成的完整

---

　　① 1909年由克罗地亚地震学家安德里亚·莫霍洛维契奇（1859—1936）首先发现。

板块,不但包括地壳,还包括地幔的顶部。大陆岩石圈总共有大约250公里乃至300公里厚。海洋下的岩石圈较薄,越接近洋中脊越薄,最薄处仅比7公里洋壳略厚。然而岩石圈并不是一个单一的坚硬地层,它可以分成一系列所谓的构造板块。这些板块是我们了解地球深处如何运作的主要线索。为了解那里发生的事,我们必须深入地壳之下一探究竟。

深度挖掘

在距离我们只有30公里的地方,有一个我们永远不能探访的所在。30公里的横向距离不过是一次轻松的公交之旅,但在我们脚下,这一距离几乎就是一个难以想象的高温高压之处了。任何矿井都不可能开采到如此之深。1960年代,有人提议利用石油开采业的海洋钻探技术,直接钻通洋壳进入地幔,这就是所谓的"莫霍计划",后来由于成本之巨和任务之艰而未能实施。在俄罗斯的科拉半岛和德国境内进行的深层钻探尝试在达到大约11 000米深度后就放弃了。这不仅是因为岩石难以钻孔,而且热量和压力会软化钻机的部件,还会把刚刚钻开的孔洞立即重新压合。

来自地球深处的信使

我们可以通过一种方法直接从地幔中取样:利用深源火山的喷发物。火山喷发出来的岩浆大多只是来自源地物质的部分熔融物,因此,举例来说,玄武岩并非表层岩的完备样本。然而,它却能够提供关于其下物质的同位素线索。例如,某些来自夏威夷等地的深源火山的玄武岩中含有氦3及氦4比率较高的氦气，据信早期太阳系的情况也是如此。因此人们认为，这种玄武岩来自地球内部的某个至今仍然保持着本来面貌的部分。火山喷发时氦逸失了，被放射性衰变所产生的氦4缓慢地取代。洋脊火山玄武岩中的氦3耗尽了。这意味着这种玄武岩是再生物质，其氦气在早期的喷发中逸失，而且这种玄武岩并非来自地幔深处。

剧烈的火山喷发有时的确会在其岩浆中携带着更直接的表层岩样本。这些所谓的"捕虏岩"是熔岩流携带而出的尚未熔融的表层岩样本。它们通常是诸如橄榄岩等暗绿色的致密岩石，富含橄榄石矿，后者是一种镁铁硅酸盐。山脉深处有时也会找到类似的岩石，它们是从地球极深处被强推出地面的。

慢速熔岩流

坎特伯雷座堂①那富丽堂皇的中世纪彩色玻璃窗可以透露一些有关地球地幔性质的信息。窗子由很多小块的彩色玻璃组成，嵌在跨距很大的窗框里。你如果观察透过窗格玻璃的阳光，就会注意到底部的光线比顶部的要暗一些。这是由于玻璃的流动。用专业术语来说，玻璃是一种过冷的流体。历经若干世纪，重力令窗格缓慢下垂，底部的玻璃因而会较厚一些。然而，如果用手摸或者锤击（求主饶恕！），玻璃仍然呈现出固体样态。了解地球地幔的关键在于认识到，那里的硅酸盐岩石能够以同样的方式

---

① 位于英国东南部肯特郡坎特伯雷市，是英国圣公会首席主教坎特伯雷大主教的主教座堂，也是英国最古老、最著名的基督教建筑之一。

流动，尽管它们并未熔融。实际上，这些个体矿物颗粒一直在重新形成，从而引起了被称作"蠕动"的运动。结果是地幔极具黏性，就像非常黏厚的糖蜜。

地球的全身扫描

关于地球的内部结构，最明确的线索来自地震学。地震通过星体发出地震冲击波。就像光线被透镜折射或被镜子反射那样，地震波穿行于地球，并在其不同的地层中反射。随着岩石的温度或软度不同，地震波的行进速度也有差异。岩石温度越高就越软，冲击波行进的速度也就越慢。地震波主要有两种，初至波（P波）速度更快，因而会率先抵达测震仪；另一种是续至波（S波）。P波是进行推拉运动的压力波；S波是剪切波，无法在液体中行进。正是通过对S波的研究，人类首次揭示了地球的熔融外核。在单一的仪器上探测这些地震波并不会显示多少信息，但如今全球各地散布着由数以千计的灵敏测震仪组成的网络。每天都有很多小型地震发出信号。结果有点像医院里的全身扫描仪，患者被X射线源和传感器环绕，计算机利用结果来构建患者内部器官的三维影像。医院的探测装置被称作计算机辅助断层扫描，而地球的相应版本则被称作地震层析成像。

测震仪的全球网络最适于在全球范围内观测事物。它会揭示地幔的整体分层，以及每隔数百公里，地震波速因温度高低而发生的变化。世界上还部署着间隔更小的矩阵，起初设置它们的目的是探测地下核子试爆，它们连同地球物理学家部署在感兴趣的地质区域的新型矩阵一起,有望观测到数公里之深的地幔结构。并且,似乎每一个尺度上都有自己的构造。在这些地球全身扫描中,最清楚的莫过于地层了。在2890公里——我们这个星球液态外核的厚度——之下S波无法通过。但是地幔有几个显著的特征。比如前文中提到的,地壳基部有莫氏不连续面,另一个则位于坚硬的岩石层的基部。岩石层下的软流层比较软,因而地震波速较慢。410公里以下和660公里以下分别是界限清晰的地层,而520公里深处左右则是一个不甚清晰的地层。在地幔基部还有另一个被称作核幔边界(D″分界层)的地层,它很可能是不连续的,厚度范围从0公里到大约250公里不等。

地震层析成像同样揭示了一些更加微妙的特征。本质上,较为冰冷的岩石也会更硬,因而相对于较热、较软的岩石,地震波在其间行进的速度也更快。在古老而冰冷的洋壳插到大陆之下或者插进海沟的位置,下沉板块的反射显示出其通向下方地幔的通道。在那里,地球炙热的核心烘烤着地幔的底面,将其软化并抬升成一个巨大的地柱。

地幔充满了未解之谜,它们乍看上去像是彼此矛盾的。它是固态的,却可以流动。它由硅酸盐岩石组成,硅酸盐岩石本是一种优良的隔热体,但不知为何,却有大约44太瓦特[①]的热量穿过地幔涌向地表。很难弄清热流是如何仅靠传导完成的,然而如果确实存在对流,地幔就应该是混合物,那么它又如何能显示出分层

---

① 功率单位,1太瓦特=10^{12}瓦特。

构造？此外，除非地幔中存在未混合的区域或地层，海洋火山喷发出的岩浆中所含的示踪同位素混合物，为何全然不同于据信存在于地幔主体内的混合物？这些谜题是近年来地球物理学的主要研究领域之一。

地幔上的钻石窗口

某些最有用的线索来自对地下那些岩石性质的了解。为了查明地球深处那些岩石的状况，就必须复制那里令人难以置信的巨大压力。令人惊异的是，这种情形动动手指就能模拟：握住两颗优质的宝石级金刚石，用珠宝商的术语来说，其切工为"明亮型"，即每颗金刚石的顶部均有一个完全平坦的小切面。将一个微小的岩石样本置于两个小切面中间，然后用指旋小螺钉将两个小切面拧得更紧一些。两个金刚石砧之间的力非常集中，以至于仅仅拧动螺钉，产生的压力就会超过300万个大气压（300吉帕斯卡[①]）。金刚石是透明的，通过激光照射就可以对样本加热，也方便使用显微镜和其他设备来观测。这实际上可以作为一个窗口，让我们观察地幔深处的岩石的状况。

一天，比尔·巴西特教授在康奈尔大学的实验室里研究金刚石砧上的一个微小晶体。当他提高压力时，没有发生什么变化，于是他决定先去吃午餐。正要离开，忽听到砧上传出突如其来的爆裂声。显然，他的宝贝金刚石碎了一颗，他冲回去在显微镜下

---

① 压强单位，1吉帕斯卡=10^9帕斯卡。

仔细观察。钻石安然无恙，但样本突然变成了一种全新的高压晶体形式。这就是所谓的相变：组分依然，但结构发生了变化——在该例中，变成了更加致密的晶格。

从捕虏岩的组分我们知道，至少上地幔是由橄榄岩等岩石组成的，其中富含镁铁硅酸盐矿物橄榄石。把这种岩石的微小样本放在金刚石砧中间加压，它就会经历完整的一系列相变。在相当于410公里地幔深处所受的大约14吉帕斯卡的压力之下，橄榄石变形成一种名为瓦兹利石的新结构。在相当于地下520公里、18吉帕斯卡的压力下，它又发生了形变，变成了林伍德石，一种尖晶矿石的形式。然后，在23吉帕斯卡，相当于地下660公里所受的压力之下，会变成两种矿物：一种是钙钛矿，另一种是名为镁方铁矿的镁铁氧化物矿物。我们会注意到，相变发生的深度恰恰是可以反射地震波的地方。因此，这些地层或许可以表示晶体结构的变化，而非组分的变化。

双层蒸锅？

地下660公里的地层是上地幔和下地幔的分界线，这是一个特别强烈的特征，也是学界激烈辩论的焦点：有人认为整个地幔都是在一个巨大的对流系统中循环，而另一些人认为地幔更像是一口双层蒸锅，上、下地幔各有其独立的循环腔，两个腔体之间几乎没有物质交换。历史上，地球化学家更偏爱双层结构，因为这种结构考虑到了不同地层之间的化学差异，而地球物理学家则偏爱全地幔对流。当前的迹象表明，两者可能都是正确的，在这一折中方案中,全地幔循环是可能的,但绝非易事。地震层析成像的数据初看之下或许偏向双层蒸锅的观点。地震扫描揭示了下压的洋壳板块沉向660公里处异常地层的位置,但它们似乎并未通过该地层。相反,物质散布开去,似乎又在数亿年间在该深度聚集起来。但进一步扫描显示,在某一位点,下压的洋壳板块可以像雪崩一样突破并继续沉到下地幔,直至地核的顶部。

　　1994年6月,玻利维亚遭遇了一场剧烈的地震。地震几乎没有造成破坏,因为震源很深——大约有640公里。但在那样的深度,岩石应该是太软了,以至于无法断裂。正是在地震发生的区域,来自太平洋古老洋壳的一个板块下沉到安第斯山脉以下。当时,想必是一整层的岩石经历了一场灾难性相变,变成了更加致密的钙钛矿结构,它似乎必须经历这样的变化,才能够沉入下地幔。这个解释一举解开了地幔分层和深层地震的秘密。

　　但仍有很多问题有待解释。例如,潜入太平洋汤加海沟之下的洋壳板块以每年250毫米的速度穿过地幔,对于其温度而言,这一速度过快,无法稳定下来。洋壳物质会在区区300万年内抵达上地幔的基部,如果淤积在那里或者延展至下地幔,其低温问题理应十分突出。但没有证据表明存在着这样的板块。某个理论声称,不是所有的橄榄石都转变成了密度更高的矿物,因而原本的板块会中立地漂浮在上地幔中。低温加上矿物成分使得其地震波速与其他地幔物质非常相近,因此,它不会轻易显现出来,就像一层甘油不会在水中突出显露一样。事实上的确存在着诱人但微弱的地震学证据,证明在斐济的下面存在着这样的板块。

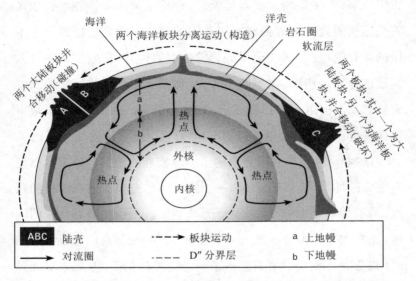

图6 地球地幔内的基本循环,及其如何反映在岩石圈板块运动和各个板块边界上。为清楚起见,运动均已简化,岩石圈的纵向比例尺也放大了不少

钻石中的讯息

钻石是高压形式的碳,只会形成于地球100多公里深度之下,有时还要比这深得多。钻石中的同位素比率表明,下潜的洋壳中经常会有碳形成的钻石,或许是来自海洋沉积物中的碳酸盐。钻石中有时会含有其他矿物的微小内含物。宝石商人多半不怎么欢迎这个特征,但地球化学家对此求之不得。对那些内含物的精密分析,可以揭示有关钻石形成和穿过地幔的漫长的、有时颇迂回曲折的历史。

有些钻石内含一种名为顽火辉石的矿物,这是硅酸镁的一种形式。一些研究人员认为，它原本是来自下地幔的硅酸镁高温钙钛矿。证据是，根据他们的观察，这种矿物中所含的镍只有上地幔应有含量的十分之一。在下地幔的温度和压力下，镍被一种名叫铁方镁石的矿物所吸收，从而使得硅酸镁高温钙钛矿几乎不含镍——铁方镁石也是一种常见的钻石内含物。在少数情况下，内含物富含铝，在上地幔的环境里，铝被锁在石榴石之中。还有些内含物是富铁的，由此可知它们可能产生于地幔中靠近地核分界线的极深处。这些深处的钻石同样拥有一个与众不同的碳同位素特征，据信这是深层地幔岩而非潜没海洋岩石圈的特点。对钻石及其周围岩石的地质年龄的估计表明，其中的一些穿过地幔的道路漫长而迂回，或许用了逾十亿年时间。但这是个颇有说服力的证据，说明在上、下地幔之间至少存在着一些物质传递。

钻石被发现时所依附的岩石可不比钻石本身逊色多少。这种岩石名为金伯利岩，是以南非的钻石矿金伯利镇命名的。岩石本身简直是一团糟！除了钻石之外，它还含有各种各样不同岩石的多角团块和粉碎片段；这所谓的角砾岩是一种火山岩，往往会在远古的火山口形成胡萝卜形的岩颈。其确切组成很难判断，因为它在穿过岩石圈时吸收了太多的粉碎岩屑，但其原始岩浆一定主要由来自地幔的橄榄石和现在以云母形式存在的大量挥发性物质共同组成，其中橄榄石占大部分。如果它从地幔缓缓上升，如今我们就没有钻石了。钻石在地下不到100公里处的压力之下并不稳定，假以时日，它会在岩浆中熔解。但金伯利岩火山无暇等待。人们估计，物质穿过岩石圈的平均速度大约为70公里每小时。火山口在靠近表面的位置岩颈加宽，这表明挥发性物质正在剧烈扩张，表面的喷发速度可能是超音速的。因此，一路向上所采集的所有岩石碎片都猝熄了，它们凝固在时间中，因而成为来自岩石圈乃至地幔深处的各种岩石的样本。

地幔基部

近期对全球地震数据的分析显示，地幔基部有一个厚度最多200公里的薄层，即 D″ 分界层。它不是一个连续的地层，而更像是一系列板块，也有点像地幔底面的一块块大陆。这里可能是地幔中的硅酸盐岩石与来自地核的富铁物质部分混合的区域。但另一种解释认为，这里是远古海洋岩石圈的长眠之所。在其沉降穿过地幔以后，板块依然冰冷致密，因而散布在地幔的基底，被地核缓慢加热，直到或许十亿年后，它以地幔柱的形式再次上升，形成新的洋壳。

根据测量，昼长存在微小差异，这同样提供了关于地球腹地的线索。因为月球对潮汐的牵引，以及最后一次冰河期的冰体压迫导致陆地上升，我们这个旋转的星球正在逐渐减慢转速。但仍有十亿分之一秒量级的微小差异。其中的一些或许应归因于大气循环吹到山脉上，就像海风吹鼓船帆。但另一部分看来像洋流推动船只的龙骨那样，是在外核中推动地幔基部脊线的循环引起的。因此，地幔的基部可能存在着像倒置的山脉那样的山脊与河谷。菲律宾地下十公里的地核中似乎有一大片洼地，其深度是美国大峡谷的两倍。阿拉斯加湾地下的鼓起是地核上的高点，那是一座比珠穆朗玛峰还高的液态山峰。下沉的冰冷物质或许会在地核上压出凹痕,而热点则会向上鼓起。

超级地柱

下地幔的钙钛矿岩石尽管要炙热得多,却远比上地幔风化岩更有黏性。据估计,它的抗流动性要高出30倍。因此,地幔基部的物质以缓慢得多的速度上升,上升形成的柱体也要比上地幔的典型地柱粗大得多。它的表现很像熔岩灯里的黏性浆团,流动得极为缓慢。尽管某些物质在整个地幔中循环,但很可能真的存在一些只有上地幔才有的小对流圈。实验系统中对流圈的宽度趋向于与其深度一致,而至少在世界上的某些地区,地幔物质所组成的柱体,其间隔似乎与上地幔660公里的深度一致。

地球如何熔融

物质升降起落,生生不息。炙热的地幔岩地柱缓慢升向地壳,所受的压力也随之减轻,它们开始熔融。科学家们可以利用巨大的水压来挤压在熔炉内加热的人造石,再现当时的场景。岩石并非整体熔融,而只有一小部分如此;所产生的岩浆不像地幔其他部分那样稠密,因而得以快速上升到表面,作为玄武岩熔岩而被喷发出来。至于它是如何流经其他岩石的,曾经是另一个大谜团,最终的答案与岩石的精微结构有关。如果在岩石颗粒间形成的小熔融袋顶角很大,岩石就会像一块瑞士干酪;熔融袋不会相互连通,熔融物也不会流出来。但那些顶角很小,这样岩石就像一块海绵,所有的熔融袋也是相互连通的。挤压海绵,液体就会流出来。挤压地幔,岩浆就会喷发。

自由落体

艾萨克·牛顿看见苹果落下来,意识到重力会把物体拉向地心。但他不知道,在世界的某些地方,苹果下落的速度会比其他地方略快一些——人们通常不会注意到这一差异,也无法用苹果轻易测量出来。但宇宙飞船可以做到这件事。根据道格拉斯·亚当斯在《银河系搭车客指南》中的说法,飞行的秘密,就在于一直在下落,却忘记了着陆。卫星差不多就是这样。卫星自由落下,但它的速度将其保持在轨道中。致密岩石区域更加强劲的万有引力会使卫星加速。在通过重力较小的区域时,卫星则会降速。通过跟踪低空卫星的轨道,地质学家可以绘制出位于轨道下方的地球的重力图。

在比较地球表面的重力图与地球内部的地震层析成像扫描图之后,结果大大出乎地球物理学家的意料。人们本来期待看到,冰冷致密的洋壳板块或因其密度更大而导致过大的地球引力,而由炙热地幔岩所组成的向上升起的地柱密度较小,因而其重力也较小。现实与此相反。情况在南部非洲尤为显著,那里似乎有个巨大的炙热地幔柱在上升,而在印度尼西亚附近,冰冷的板块正在下沉。麻省理工学院的布拉德·黑格对此做出了自己的解释。南部非洲地下的超级地幔柱正在导致相当大的一块陆地上升,其上升的高度超出了预期——人们原以为大陆只是在静态的地幔上漂浮。他估计，跟自然漂浮在地幔上的位置相比，南部非洲被抬升了大约1000米，岩石的这种过度抬升导致重力增大。与此相似，印度尼西亚地下潜没的海洋岩石圈把周围的地表均拽在身后，造成重力较小，并导致海平面整个比陆地高出一块。如今就职于亚利桑那大学的克莱门特·蔡斯发现还有其他种种重力异常现象对应了曾经发生过的潜没事件。从加拿大的哈德孙湾，经由北极，穿过西伯利亚和印度，直到南极圈，有一个很长的低重力带，似乎可以标记一系列潜没带，在过去的1.25亿年，那里的远古海床插入地幔。人们曾经认为是海平面上升导致了澳大利亚东半部的大部分大陆在大约9000万年前被淹，事实上或许是因为该大陆漂浮在一个远古潜没带上，在其经过时被潜没带拖曳，从而把陆地降低了600多米。

地　核

我们不可能对地球的核心有直接体验，也不可能获得地核的样本。但我们的确从地震波中获悉，地核的外部是液态的，只有内核才是固态的。我们还知道，地核的密度远高于地幔。太阳系里唯一既有足够的密度，又储量丰富，足以组成地核那么大体积的物质就是铁。虽然没有地球核心的样本，我们却能在铁陨石中找到可能与之相似的东西。铁陨石不像石质陨石那样常见，但它更易于辨认。它们据信源自体积较大的小行星，早在这些小行星被发生在太阳系早期的轰炸粉碎之前，其铁质核心便分离了出来。它们的成分大部分是金属铁，但也含有7%至15%的镍。它们往往具有两种合金的共生晶体结构，一种含有5%的镍，另一种含有40%的镍，按比例组成了星球核心的总成分。

在新生的地球至少还是半熔融体时，铁质的地核必定已经通过重力从硅酸盐地幔中分离出来而形成了。随着地层的分离，诸如镍、硫、钨、铂和金等能够在铁水中熔融的所谓亲铁元素会与地层分离。亲岩元素则与硅酸盐地幔一起保留下来。铀和铪等放射性元素是亲岩的，而它们的衰变产物，或称子体，是铅和钨的同位素，因而会在地核形成之时被分离出来，进入地核。这必然会在地核形成时重置地幔中的放射性时钟。对于地幔岩地质年代的估计把这一分离的时间确定在45亿年前，大约比最古老陨石的地质年代晚5000万至1亿年，而最古老的陨石似乎出现在太阳系整体形成之时。

内　核

地球的中心是冰冻状态，至少从铁水的角度来看，在地下难以置信的压力下，它是冰冻状态。随着地球的冷却，固态铁从熔融态地核中结晶出来。当前学界的理解是，产生地球磁场的发电机需要一个固态铁核，但纵观地球历史，它未必自始至终都有一个铁核。至于地球过去的磁场，其证据深锁于显生宙各个时期的岩石中。但大多数前寒武纪的岩石已经大变样了，因而很难测出其原本的磁性。这样一来，估计内核地质年龄的唯一方法，就只能来自地球缓慢冷却过程中地核热演化的模型。其计算方法与开尔文勋爵在19世纪末以地球冷却的速率来估算其年龄的方法相同。但现在我们知道，放射性衰变还会产生额外的热量。最新的分析表明，内核大概是在25亿至10亿年前这段时间开始固化的，取决于其放射性物质的含量。听上去或许是一段漫长的时间，但这意味着地球在其早期的数十亿年里是没有内核的，或许也没有磁场。

如今，内核的直径大约是2440公里，比月球的直径小1000公里。但它仍在持续增大。铁元素以大约800吨每秒的速率结晶，会释放相当数量的潜热，这部分热量穿过液态的外核，造成其内流体的翻腾。随着铁元素或铁—镍合金的结晶析出，熔融物中的杂质（大部分是熔解的硅酸盐类）也被分离出来。这部分物质的密度低于熔融态的外核，因而以连绵的颗粒雨的形式穿过外核而上升，那些颗粒或许也就如沙子般大小。杂质可能像上下颠倒的沉淀物一样集聚在地幔的基部，堆积在上下颠倒的山谷和洼地里。地震波显示，地幔基部有一层速度非常缓慢的地层，这种向上的沉淀物即可解释这种现象。这些沙样沉淀物可以圈闭熔融态的铁，就像海洋沉积物圈闭水一样。通过将铁保持在其内，这一地层所提供的物质可以在磁性上将地核内所产生的磁场与固态地幔所产生的磁场予以匹配。如果部分这种物质以超级地柱的形式上升，促成了地表的溢流玄武岩，就可以解释为什么这类岩石中含有高浓度的金和铂等贵金属了。

磁力发电机

从地表上看，地球的磁场似乎可以由地核的一个大型永久性磁棒产生。但事实并非如此。那一定是一台发电机,而磁场是由外核里循环的熔融态铁的电流产生的。法拉第曾证明,如果手头有电导体,那么电流、磁场和运动三者中的任意两个均可产生第三个。这是电动机和发电机的工作原理。但地球没有外部的电气连接。电流和磁场在某种程度上都是由地核内的对流产生和维持的,这就是所谓的自维持发电机。但它必须以某种形式启动。在地球拥有自身的启动装置之前,启动或许要依靠来自太阳的磁场。

地表的磁场相对简单,但产生地表磁场的地核内电流则必然要复杂得多。人们提出了很多模型,其中一些诸如旋转导电圆盘等构想只具有纯粹的理论意义。就我们看到的磁场而言,最有说服力的模型用到了一系列柱形胞腔,其中每一个都包含螺旋式的循环,这种循环是由热对流和地球自转所产生的科氏力共同作用所生成的。地球磁场最奇怪的特征之一,是它会在不规则的时间间隔内(通常是数十万年)反转极性,我们将会在下一章对此进行更详细的讨论。除此之外,有时会在长达5000万年的时期没有一次反转。单个火山晶体内所圈闭的磁场强度的证据表明,在磁极未反转的时期(即超静磁期),磁场可能比如今更强一些。磁场并非与地球的自转轴精确对准。当前,磁场与地球自转轴的倾斜角度大约是11°,但它不会永久停留在那个角度。1665年,磁场几乎指向正北,然后又偏移开去,1823年的倾角为向西24°。计算机模型无法准确解释这种情况,但提出了发电机本身无序变动的可能。在大部分时间,地球的磁场与地幔相配合,效力下降,但有时会产生很强的效力,以至磁场翻转。至于这种翻转能在一夜间完成，还是要持续数千年时间，其间磁场是胡乱移动还是彻底消失，现在都还不清楚。如果是后一种情况，则不管是对罗盘导航还是对整个地球上的生命都是个坏消息，因为如此一来，我们都会暴露在来自太空的更危险的辐射和粒子之下。

　　还有人试图通过实验，为地核内发生的一切建模。这并非易事，因为需要大量的导电流体以足够的速度循环来激发磁场。德

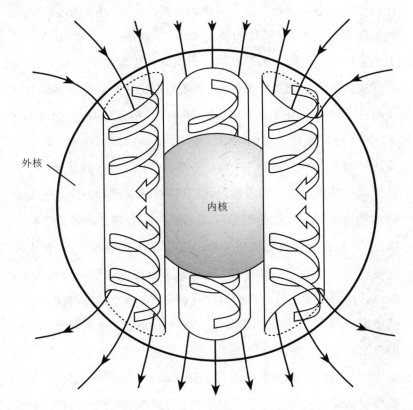

图7　地球磁场产生的一个可能的模型。外核中的对流因科氏力而呈螺旋状（带状箭头）。这与电流（未显示）一起产生了磁力线（黑色箭头）

国和拉脱维亚的科学家们在里加实现了这一目标，他们使用装在同心圆筒中的2立方米熔融钠。通过将钠以15米每秒的速度推入中柱，他们最终创造了一个自激式磁场。

给地球测温

地球越深处温度越高，但地球的中心究竟有多热？答案是，在地球的熔融态外核与固态内核的分界线上，温度必然恰好就是铁的熔点。但是，在那样的惊人压力下，铁的熔点会与其在地表上的数值大不相同。为了查明这个温度到底是多少，科学家们必须在实验室里重现那些条件，或是依据理论进行计算。他们尝试了两种不同的实用方法：一种是使用在金刚石砧间挤压的微小样本，另一种则是使用一台多级压缩气炮，瞬间压缩样本。因为很难达到如此巨大的压力——内核分界线处的330吉帕斯卡——并且很难校准压力以便知道是否到达目标，目前两种方法均未能直接测量出温度。它们能做的只是测量在压力略低的条件下铁的熔点，并以此为出发点向下推断。但还存在其他的难点，很大原因是由于地核并非纯铁质的，杂质会影响熔点。在纯铁状态下，理论计算得出的内核分界线温度是6500℃，而就地核可能掺杂的杂质多少而言，铁的熔点可能是5100—5500℃。这些数字都在通过金刚石砧和气炮这两种实验估算结果的范围之内。

对穿过内核的地震波进行的研究制造了另一个惊喜。这些地震波从北向南的行进速率似乎要比从东向西快3%—4%；内核表现出各向异性，一种在所有方向上各不相同的结构或晶粒。对此的可能解释是，内核是由很多对齐的铁晶体组成的——甚或是直径逾2000公里的一整块铁晶体！另一种可能是，内核内部的对流与地幔中的完全一样。或许有少量液体被晶粥所捕获。经过计算，与赤道对齐的3%—10%容量的液体平盘即可使内核呈现出科学家们观察到的各向异性现象。

旋转的地核

像整个地球一样，内核也在自转，但自转的方式与地球其他部分并不完全相同。它实际上转得比这个星球的其他部分稍微快一些，在过去30年里，走快了将近十分之一圈。在阿拉斯加探测到了来自南美洲最南端以外南桑威奇群岛的地震，对其地震波的仔细研究显示了上述结果。这是由上文刚刚讨论的内核的南北向各向异性所揭示的。因为内核超前于地球其他部分，该各向异性的结果发生了变化。1995年，堪堪掠过内核外界的地震波抵达阿拉斯加的速度与1967年的速度一样。但1995年地震波穿过内核的速度比1967年快了0.3秒，这表明内核的快速通道轴线每年向定线方向移动大约1.1°。理解了内核为何转得如此之快，我们便可以深入了解在那个强磁场环境里究竟发生了什么。可能的情况是外核中的电流对内核起到了一种磁性拖曳的作用，这与大气层中的射流相似。

到目前为止，整个地核中只有大约4%是冰冻的。但在30亿—40亿年后，整个地核都将凝固，届时，我们也许就会失去磁防护了。

第四章

海洋之下

隐秘的世界

在我们这个星球上，71%的表面积被水覆盖，其中只有1%是淡水，2%是冰，余下的97%都是海洋中的盐水。水体的平均深度是4000米,最深处可达11 000米。水面上露出的只是冰山一角。在深度超过50米,也就是所谓的透光带之下,阳光就很难穿透了。其下方是一个冰冷黑暗的世界,与我们的世界截然不同——至少在大约130年前的确如此。

1872年,英国皇家海军"挑战者"号启航,开始了海洋探索的首次科学远航。这艘船遍访了所有大洋,在四年中航行十万公里,但其航行的深度却只能通过在船侧放下一个砝码进行单点测量。因此,在第二次世界大战期间声呐和沉积物取芯等技术取得发展之前,海洋学进步的步伐还十分缓慢。冷战期间,西方诸国需要优质的海床地图,以便隐蔽自己的潜水艇,还需要先进的声呐和水下测声仪矩阵来侦测苏联的潜水艇。如今,船只安装和拖曳的声呐扫描仪已为大部分海床绘制了相当详细的地图。在很多地区,大洋钻探计划已经获得了其下岩石的样本,深水载人潜艇和潜水机器人也已经造访了很多有趣的处所,但亟待探索的空间仍然很大。

水从哪里来?

地球最初的大气层看来可能被初生太阳的太阳风刮走了大半。我们几乎可以肯定,促成地球最终形成的大爆炸以及产生了月球的大撞击此二者所产生的热量,必定熔融了地表的岩石,蒸发了大半原始水体。那么,如今我们看到的广阔大洋是从哪里来的? 40亿年前最古老的岩石里埋藏着线索,它们在形成之时被液态水环绕着,水生细菌出现后不久也提供了有关的证据。印度在距今30亿年前的沉淀物中发现了最古老的雨滴化石印记。某些地表水可能是以火山气体的形式从地球内部逸出的，但大多数或许来自太空。时至今日，每年仍有大约三万吨水从遥远的外太空随着彗星粒子的细雨落向地球。在太阳系初期，水流量一定明显高得多，后来的很多撞击也可能是由整个彗星或其碎片所造成的，其组成被比拟为脏雪球，其中包含着大量的水冰。

咸味的海洋

如今，按重量计算，海水中大约有2.9%是溶解的盐类，其中大部分是食盐，即氯化钠；但也含有镁、钾、钙的硫酸盐、重碳酸盐和氯化物，此外还有些微量元素。海水中的盐度各不相同，取决于蒸发率及淡水的流入。因此，比方说，波罗的海的盐度较低，而被陆地包围的死海，其盐度大约是平均值（即每千克海水含35克固态盐）的6倍。但盐度中每种主要成分的相对比例在全世界范围内是一致的。

海洋并非一直这样咸。大部分盐类据信来自陆地上的岩石。一些盐类只是被雨水和河流溶解，而另一些则是由化学风化作用释放的，在风化过程中，溶解在雨水中的二氧化碳生成了弱性的碳酸。这种物质将岩石里的硅酸盐矿物缓慢地转变成黏土矿物。这些过程往往会保留钾而释放钠，这就是为什么氯化钠成为海盐中的最大组分。近数亿年来，海洋盐度大致稳定，风化作用与蒸发岩矿床和其他沉淀物的沉积作用二者所输入的盐分大致达到了平衡。

鲜活的海洋

海洋中还有很多微量化学物质，其中很多是对生命非常重要的养分，因而对于海洋生产力也至关重要。因此，它们往往在地表水体中便消耗了。将航行在太空中的彩色图像扫描器调试成对浮游植物的叶绿素等色素的特征波长敏感，即可绘制出海洋中季节性繁殖带的地图。最高的生产力往往发生在中高纬度地区的春季，在那里，温水与营养丰富的冷水相遇。1980年代，加州莫斯兰丁海洋实验室的约翰·马丁注意到，浮游生物的大量繁殖可能会在火山型洋岛周围造成下降流。他认为，铁或许是限制海洋生产力的一种养分，而火山岩会提供微量的溶解铁。从那以后，科学家们把小块的铁盐放置在南太平洋中，又观测了冰川期开始时海洋生产力最高地区的沉积岩芯，当时风吹来的尘埃为海洋提供了铁元素：这类实验和观测结果均证实了约翰·马丁的看法。但用铁来改善海洋生产力未必是应对日益严重的温室效应的良方，因为随着浮游生物的死亡或被食用，大多数被吸收的二氧化碳似乎又循环回到了溶液之中。

海洋的边缘

大陆的边缘往往会有一条窄窄的大陆架，深度只有200米。从地质角度来看，这事实上是大陆而非海洋的一部分，此外，在海平面低得多的时期，部分大陆架一定曾经是干燥的陆地。大陆架的生产力往往很高，渔业发达，至少在过度捕捞开始减少渔获之前如此。有机生产力与河流或风从附近大陆冲刷下来的大量粉砂、淤泥和沙子一起，积累了厚厚的沉淀物。在河流提供这些沉淀的地方，负载着沉淀物的浓稠水体有时会（几乎跟河流一样）继续流经峡谷和大陆架的边缘，有时则会继续流向大海达数千公里，直到最终散开，形成三角洲那样的地形——亚马孙河的情况就是如此。在一些地方，大陆架的边缘会有悬崖和峡谷等壮丽水下景观，虽然只有通过声呐才能看得到，但它们与陆地上的景观相比毫不逊色。

洋 底

深邃广袤的洋底相对平整，平淡无奇，数英里范围内也不过偶然出现一些海参（它实际上是一种棘皮动物，是海星的亲戚），但那里也有山脉和峡谷。我们后面会提到洋中脊和海沟，但那里还有很多从洋底升起的孤立的海山脉，有时称其为平顶海山。这些平顶海山完全像是水下的山脉，往往是一些孤立的火山。它们是在过去由地幔柱生成的，不过并非位于构造板块的边缘。其中很多位于水下1000多米深处以下，但有证据表明它们曾经是升出海面的火山岛，被海浪侵蚀变平，又整个或部分地沉入深处。有时，下沉的速度慢得足以使珊瑚礁在岛周累积下来，在火山陆地消失之后，留下一个圈形的环礁。有时在洋底横越地幔柱时，会生成一串岛屿链。最著名的岛屿链组成了夏威夷群岛以及夏威夷西北部的天皇海山。

滑坡和海啸

　　大陆架和海山脉的陡峭边缘意味着那里的斜坡很容易变得不稳定。海床和大面积海底滑坡的周边海岸有证据表明，发生海底滑坡时，边坡坍塌使得数十立方公里的沉淀物像瀑布下落一般沉入深海平原。马德拉群岛和加那利群岛西面的大西洋、非洲西北部的外海，以及挪威北部的外海领域都存在着经过仔细研究的样本。有时，滑坡是由地震引起的，在其他情况下则只是沉积物堆积得太陡而导致斜面坍塌。无论是何种原因，水下的滑坡均可产生名为海啸的灾难性巨浪。有证据表明，过去3万年，挪威西北方向的挪威海曾经发生过3次特大的水下滑坡。其中的一次发生在大约7000年前，1700立方公里的碎石滑下大陆坡，冲向冰岛东面的深海平原。滑坡引发的海啸淹没了挪威部分陆地和苏格兰的部分海岸线，巨浪高达当时海平面以上10米。约10.5万年前，夏威夷的拉那伊岛南部曾发生过一次破坏性更大的滑坡。拉那伊岛经历了超过当时海平面360米的洪水，横越太平洋的海啸在澳大利亚东部堆积起的碎石高度达到海平面以上20米。

　　这些大滑坡，以及发生在大陆边缘的一些较为温和的小型滑坡所释放的沉淀物，被水体湍流抬升起来，可以散布到相当远的距离。滑坡产生了名为浊积岩的典型沉积物，其内的颗粒大小在不同湍流内逐级变化。初始的滑坡可能含有各种粒径的颗粒，但随着湍流成扇形展开，粗砂比细粉砂和淤泥流出得更快，因而各个流带会在其内对这些颗粒进行从粗到细的分级。如今，深水沉积岩层序中经常会发现这样的浊积岩。

海平面

我们的星球表面最明显的特质之一，就是陆地和海洋的分界线——海岸线。这是地球上变化最剧烈的环境之一，地貌呈现多样性，从高耸多岩的悬崖到低洼的沙丘和泥滩。另外不知为何，大量人群似乎特别喜欢在气候炎热的季节拥向此地。但海岸线并非一成不变。某些地段因为海水冲刷走数百万吨物质而遭到侵蚀。在其他一些地方，随着海水抬高沙洲或河流的泥泞三角洲扩大，陆地的面积不断增大。在地质时间尺度上，这些变化一度十分壮观。在某些事件中，所谓的"海侵"作用淹没了大块的大陆。而在其他时期海水撤退，这种现象被称为"海退"。海平面的这些明显变化可能是很多原因导致的。当前对于全球气候变暖的担忧之一，就是它可能会导致海平面上升。这可以简单地归因于海洋变暖导致水体稍微扩张，单单这一点，就可能在下个世纪将海平面抬升大约半米。如果南极冰盖发生明显的融化，海平面可能会升得更高。（北极冰和南极海冰的融化对海平面可能没有整体的影响，因为冰已经在漂浮，因而已经替代了其自身在水中的重量。）

但比起海平面在过去发生的变化，所有这些都不值一提。从上一次冰川期的高峰以来，海平面看来已经上升了160米之多。在过去300万年里，海平面在冰川期随着气候变化而剧烈变动。再回溯得更久远一些，在9500万到6700万年前之间的晚白垩世，海平面曾达到其最高位，那时的浅海覆盖了大陆的大片区域，产生了厚厚的白垩沉积，以及如今生产石油的许多沉积覆层。海平面如此异常升高，解释该现象的一个理论是，随着大西洋开始开放，洋底的大片区域也被地幔中升起的热物质抬升起来。海平面地质记录的特征就是在海洋的稳定上升期之后，海平面会出现明显的急剧下落。有时，海平面明显下落可以归因于大陆的构造隆起。在某些例子中，这种情况看来会发生在全球各地，且不一定发生在冰川期开始之时。有时，这或许是因为洋底突然大规模开裂，真正把洋底从海洋之下拉拽了出来。

海洋钻探

从1968年开始，美国领导的深海钻探计划使用一艘名为"格罗玛·挑战者"号的钻探船，以科学方法从洋底直接取样。该计划在1985年被国际性的"大洋钻探计划"所取代，后者使用的是改进的"联合果敢"号。项目进行了大约200个单独的航程或航段，每个历时两个月左右，在每一个区间分别钻探取得了岩芯样本。最深的钻孔超过两公里，总共采得数千公里长的岩芯样本。其中很多都包含不同深度的沉积物，最深可达火山玄武岩。它们都记录了自身的起源以及气候和海洋的变迁。沉积的速率非常缓慢，远远比不上侵蚀陆地与河流三角洲的速率。在高纬度地区，沉积物中还含有乘着冰山漂流的黏土和岩石碎片，冰山融化后，它们就被遗留在那些地方。在别处，乘风而来的沙漠尘埃和火山灰在深水沉积物中占据了更大的比例，有时还会伴随着微小陨石的尘埃、鲨鱼的牙齿,甚至还有鲸鱼的听小骨。

　　表层水体的海洋生产力很高,还经常会有各类浮游生物沉下的残余物。在相对较浅的水体,石灰质鞭毛虫和有孔虫类动物的石灰质骨骼随处可见,形成了石灰质软泥,固化后可形成白垩或石灰岩。但碳酸钙的溶解度随着深度和压力的增加而升高。在水中3.5—4.5公里深处,就到了所谓的碳补偿深度,在这一深度之下,微小的骨骼往往会溶解消失。在这里,它们会被硅质软泥取

图8　海洋钻探船"联合果敢"号。塔架在水线上方60米处

代，后者是由硅藻和放射虫的微小硅酸骨骼构成的。硅酸也会溶解，但在南大洋以及印度洋和太平洋的部分海域，未溶解的量也足以形成明显的覆层。在少数海域，通常是黑海等大洋环流受限之地，底层水没有氧气，黑色页岩沉积下来。这些黑色页岩有时富含未在厌氧条件下被氧化或消耗的有机物，这些物质可以慢慢变成石油。厌氧沉积物偶尔会散布得更加广泛，表现出所谓的缺氧事件，在那里，大洋环流的变化阻碍了富氧水体沉到洋底。

淤泥中的讯息

沉积岩芯承载着有关昔日气候的漫长而连续的记录。沉积物的类型可以揭示其周边陆地上曾经发生过什么——例如，有没有乘坐冰山漂流至此或是从沙漠乘风而来的物质。但钙质软泥中氧元素的稳定同位素的比率则保留了更加精确的记录。水分子中的氧以不同的稳定同位素的形式存在，主要是 16O 和 18O。随着海水的蒸发，含有更轻的 16O 的分子蒸发得更容易一些，使得海水富含 18O。除非有大量的水被锁在极地冰盖之中，否则富含 18O 的海水很快会被降雨与河流再度稀释。因此，与间冰期的情况相比，此时被浮游生物吸收并堆积在沉积物中的碳酸盐会含有更多的 18O，沉积物中的氧同位素于是能够反映全球气候。通过将沉积物所记录的变化与 2000 多万年的时间相匹配，大洋钻探计划已经揭示出气候在这一时间尺度的波动，这似乎反映了米兰柯维奇循环，即地球轴线的游移不定，以及地球围绕太阳公转的偏心率。

1970年代，大洋钻探计划来到了地中海。那里的岩芯揭示的情况颇有轰动效应。有人向我展示了其中的一个，如今它保存在纽约哥伦比亚大学的拉蒙特-多尔蒂地质观测所。它由一层又一层的白色结晶物质组成，是一种盐类（氯化钠）和硬石膏（硫酸钙）的混合物。这些蒸发岩的岩层只可能是在地中海干涸的过程中形成的。甚至在如今，蒸发率仍然很高，以至于如果把直布罗陀海峡封堵起来，整个地中海海水会在大约1000年时间里蒸发殆尽。岩芯中数百米的蒸发岩意味着在500万—650万年前这段时间，这种情况一定发生过大约40次。钻探接近直布罗陀海峡时，科学家们遇到了一片卵石和碎片的杂乱混合物。这一定是大西洋突破直布罗陀海峡、重新灌满地中海时，世界上最大的瀑布形成的巨型瀑布潭。想象一下，当时海水轰鸣飞溅，该是怎样一番壮观景象。

在大洋钻探计划的近期航程中，天然气水合物覆层的钻探当属最有意思的项目之一。这是含有高浓缩甲烷冰的沉积物，是在深海洋底的低温高压条件下形成的固态形式。天然气水合物岩芯重回海洋表面则格外令人兴奋，因为它们很容易重新变回气体，有时还会引起爆炸。这种特性让研究变得有些困难，但据信它们的储量非常庞大，有可能在将来成为天然气来源，经济意义十分重大。有人认为，它们对过去突然发生的气候变化贡献不小。它们可能相当不稳定，一次地震便可将大量天然气水合物从洋底释放出来，升上水面，产生大量的气泡。海平面的突然下降也会让天然气水合物变得不稳定，导致强有力的温室气体甲烷的释放。5500万年前的那次全球气候突然变暖可能就是天然气水合物释放甲烷所导致的。有人甚至认为,近年来在子虚乌有的百慕大三角地区有船只失踪的报道即脱胎于大天然气泡打破水面的平静、弄翻船只或使船员窒息的描述。

大量有机物可以埋藏在海洋沉积物中,在合适的环境下,还能变成石油。这往往发生在正经历着地壳拉伸的浅海盆地。这一运动会把地壳拉薄,加深盆地,从而填补更多的沉积物。但与此同时,有机物被埋得更深,更接近地幔的内热,在这里被煮成了原油和天然气。随后,这些产物可以上升穿过渗透层,并聚集在不透水的黏土或盐层之下。岩盐特别容易移动,因为它的密度不太高,易于穿过大型穿地的地层。这些穿地常常会圈闭富油和天然气储备,墨西哥湾就是一例。

地下的生命

但是,海洋沉积物中的有机物并非都是无生命的。海底逾1000米以下的沉积物和上亿年历史的岩石中往往存活着大量有生命的细菌。它们似乎有可能在很久以前就被埋藏在海底的淤泥里,埋得越来越深,一直存活到现在。它们的生活算不上刺激,但也确实没死。据估计,它们可能每1000年才分裂一次,靠厌氧消化有机物而生存,并释放甲烷。某些细菌也能在或许高达100—150℃的高温下存活——这也是石油形成的温度范围,因而这些细菌可能在石油形成的过程中起到了重要的作用。所有的陆地细菌中可能有90%住在地下,它们共同组成了高达20%的地球总生物量。

地球上最长的山脉

如果从全世界的海洋中排干所有的水，让其下壮观的景色显露出来，你会看到那里最明显的特征并非比珠穆朗玛峰还高的巨大的洋岛山，也不是傲视美国大峡谷的宽广裂缝，而是一个长达7万公里的山脉——洋中脊系统。这些洋脊像网球上的接缝一样在地球上纵横。火山裂隙遍布整个山体。有时，这些裂缝在水下缓慢喷发，产生了枕状的黑色玄武岩熔岩凝块，像是挤出来的牙膏。这里是新生地带：随着海底的延展，新的洋壳在这里形成。

北大西洋洋中脊是19世纪中期被一艘船发现的，当时该船正在铺设第一条横跨大西洋的电缆。洋脊宽广，宽度在1000公里到4000公里之间，缓慢升向中央的一列山峰，这些山峰的高度大都在洋底2500米以上，但距离海面仍有2500米。洋脊被为数众多的转换断层所断错，这些断层均垂直于其纵长，将脊顶移位达数十公里。脊顶常常由复线山峰组成，其间有一条中央裂谷。20世纪上半叶，阿瑟·霍姆斯等大陆漂移理论的支持者认为，洋脊或许标记了地幔中的对流将新地壳送到地表的位置，然而地磁测量最终证实了地质学最重要的发现之一——海底扩张。

磁化条带

1950年代，美国海军需要洋底的详细地图来辅助潜水艇。于是，考察船开始往复航行，进行声呐测量。科学家们有机会进行其他实验，因而当时考察船拖着一台灵敏的磁力仪横越大洋，绘制了磁场的地图。该地图显示了一系列高低场强，像是分布在洋中脊两侧的平行条带。剑桥大学的弗雷德·瓦因和德拉蒙德·马修斯最终验证了实验结果。随着火山岩浆的喷发和冷却，它圈闭了与地球磁场对齐的磁性矿物颗粒。因此，航行经过全新世的海底玄武岩时，地球的磁场会增强些许。但是正如我们在上一章讨论的，地球的磁场有时会反转。在磁场反转期间喷发出来的火山岩会圈闭与当时磁场相反的磁性，轻微降低磁力仪的读数。如此一来，洋中脊两侧的磁条带逐渐增加，从中脊向两侧移动得越远，其下的海底就越古老。海底的确在不断扩张。

新生的边界

　　总体而言，海底扩张的速度缓慢但从未停止，从太平洋的每年10厘米到大西洋的每年3—4厘米，大致相当于手指甲的生长速度。但岩浆喷发生成新地壳的速度并不稳定，这就是为什么部分洋脊在伸展的过程中会出现裂缝和凹陷，而其他洋脊却垒积成峰。在洋脊的中线之下，炙热的地幔物质以部分熔融的结晶岩粥样物质的形式隆起。炙热柔软的软流层沿着这条线上升，遇到了一层薄薄的洋壳，其间并无任何坚硬的地幔岩石圈。因为这种地幔物质十分炎热，密度就比较低，因而使得洋脊上升。大约有4%的地幔岩熔融形成了玄武岩浆，向上渗透穿过气孔和裂隙，进入洋脊之下一公里左右的岩浆房。地震剖面图显示，太平洋部分洋脊之下的岩浆房有数公里宽，但大西洋洋脊之下的岩浆房却窄得

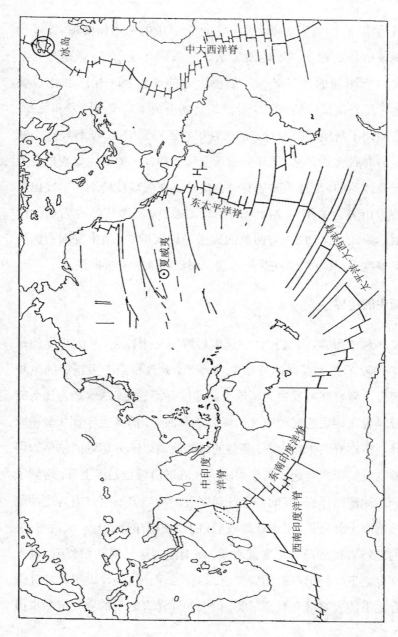

图 9 洋中脊的全球体系以及将其切断的主要转换断裂带。图中用圆圈标记了夏威夷和冰岛等热点地区

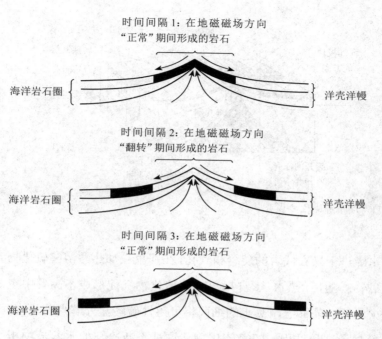

时间间隔 1：在地磁磁场方向"正常"期间形成的岩石

海洋岩石圈 { 洋壳洋幔

时间间隔 2：在地磁磁场方向"翻转"期间形成的岩石

海洋岩石圈 { 洋壳洋幔

时间间隔 3：在地磁磁场方向"正常"期间形成的岩石

海洋岩石圈 { 洋壳洋幔

图 10　随着新的洋壳从洋脊向两侧延展，洋底火山岩的磁化平行条带的形成过程

难以觉察。岩浆房里的物质在缓慢冷却，所以有些物质结晶析出并积聚在岩浆房的底部，形成了一层质地粗糙的岩石，称作辉长岩。其余的熔融物定期从洋脊上的裂隙喷发出去。这些喷发物的流动性很强，且不含太多的气体或蒸汽，因而喷发的过程相当温和。但岩浆被海水迅速猝熄，往往会形成一系列枕状结构。

黑水喷口

即使没有活跃的火山喷发，靠近洋脊的岩石依然异常炙热。

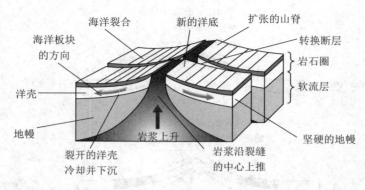

海洋裂合　　新的洋底　　扩张的山脊
海洋板块
的方向　　　　　　　　　　　转换断层
　　　　　　　　　　　　　　　　岩石圈
洋壳　　　　　　　　　　　　　　软流层
地幔
　　　　　　　岩浆上升　　　　坚硬的地幔
裂开的洋壳　　　岩浆沿裂缝
冷却并下沉　　　的中心上推

图11　洋中脊的主要成分

海水灌进干燥玄武岩的裂缝和气孔,在那里被加热并溶解硫化物等矿物。随后,热水从裂口处升出,硫化物沉淀形成了高耸中空的火山管。能够忍耐热水的细菌将可溶性硫酸盐分解为硫化物,也参与了这一过程。随着硫化物从这种不断冷却的水溶液中析出,它们就形成了一种黑色颗粒的云,因而这些出口通常被称为黑水喷口。水可以从中高速喷涌而出,温度超过350℃,因而在深潜潜水器中观察这场景既危险又令人着迷。矿物质火山管以每天数厘米的速度加长,直至崩塌成一堆碎片。如此一来,储量可观、潜在价值不菲的硫化物矿物便可堆积起来。在酸度更高但温度略低的水域,溶解的硫化锌更多,从而产生了白水喷口。这种喷口加长的速度更慢,通常温度也更低一些,因而对于聚集在这种热液喷溢口周围的某些神奇的生命形式而言,这里是更佳的栖息之所。这里的生命完全依赖化学能而非阳光。原始细菌在炎热且往往是酸性的环境中活跃生长。盲虾、盲蟹和巨蚌以它们为食，而体内含有共生细菌的巨型管虫从水中过滤养分。有人认为，地球上的生命最初便起始于这种地方，因此研究人员对它们很感兴趣。

来自海洋的财富

1870年代，"挑战者"号航行的惊人发现之一，就是它带回的那些奇怪的黑色结核块，那是来自深海洋底的挖掘样本。这些团块含有极其丰富的锰、铁氧化物和氢氧化物，以及具有潜在价值的铜、镍和钴等金属。这些团块被称为锰结核，如今人们知道它遍布深海洋底的大片地区。它们具体的成因尚不清楚，但那似乎是个漫长的化学过程，金属来自海水，还可能来自海底的沉积物。这些结核块往往围绕着一个很小的固体核心（也许是个玄武岩的碎片）、一团黏土，或者一颗鲨鱼牙齿，长成洋葱样的多层同心圆。对其地质年代的估计认为，它们生长得非常缓慢，大概100万年才会增长几个毫米。1970年代，人们提出了各种各样的方案，使用铲斗或抽吸的方式来开采这种矿物，但截至目前，由于技术、政治、生态和经济上的困难，采掘工作尚未开始。

推力、拉力，以及地柱

看起来海底扩张并不像是洋底从洋中脊系统推开来的结果。就大部分洋脊而言，其下并没有大量地幔柱热物质上升。看起来更像是洋脊被撕开，新的物质升起来填充缺口。洋脊下没有又厚又硬的岩石圈，只有几公里洋壳。地幔物质从洋脊下升起时，压力下降，某些矿物质的熔点也随之下降了。这导致有多达20%—25%的物质部分熔融，生成了玄武岩浆。岩浆形成的速度刚好能够生成厚度为7公里的相当均匀的洋壳。

冰岛是个值得注意的例外，那里的地幔柱和洋脊出现了重合。那里喷发的玄武岩远多于他处，地壳大约有25公里厚，这就是为什么冰岛高高耸立于大西洋之上。跟踪探测横穿格陵兰和苏格兰之间的北大西洋的加厚玄武岩洋壳，即可追溯那个地幔柱的历史。地震勘探显示，那里另有1000万立方公里的玄武岩，是阿尔卑斯山脉容积的数倍，足够以一公里厚度的地层覆盖整个美国。其中大部分洋壳并未喷发到地表，而是注入地壳之下，这一过程被称作"底侵"。格陵兰外海的哈顿滩正是玄武岩如此注入而导致的隆起。当前位于冰岛之下的地幔柱可能是导致北大西洋在大约5700万年前开始开放的原因。当时，火山活动似乎始于一系列火山爆发，其中某些火山迄今依然在苏格兰西北方向的内赫布里底群岛和法罗群岛保持活跃。

大洋死亡之所

洋壳一直不断地形成。其结果是，我们很难找到真正的远古洋底。最古老洋底的年代被确定在大约两亿年前的侏罗纪，地点位于西太平洋。人们最近在新西兰附近发现了一段洋底，大约有1.45亿年的历史。但这样古老的地质年龄很少见；大多数洋底的地质年龄不到一亿年。那么，远古海洋都去哪儿了？

答案就是一种被称作潜没作用的过程。随着大西洋拓宽，一侧的美洲与另一侧的非洲和欧洲缓慢分离。但地球总体上并没有变大，所以一定有什么东西在进行整合。这么做的似乎是太平洋。太平洋看上去被巨大的海沟所围绕，那些海沟最深可达11 000米。它们身后则是岛屿或大陆上的火山圈，也就是所谓的太平洋火山带。地震剖面测量显示了海洋板块——薄薄的洋壳及其下厚达100公里的地幔岩石圈——是如何重新陷入地球的。在其存在的一亿年期间，岩石圈的岩石不断冷却收缩，密度越来越大，以至于无法继续在软流层上漂浮。潜没作用的这一过程正是板块构造的驱动力之一：它是一种拉力而不是推力。

在潜没带下沉的冰冷致密的岩石已经到了海底，因而是湿的。气孔的空间里有水，矿物中也有化学结合水。随着板块下沉，压力和温度上升，水的存在为板块流动起到了润滑剂的作用，但也降低了某些组分的熔点，而这些组分通过周围的地壳上升，最终流入灼热的火山圈。正如我们在上一章看到的，岩石圈板块的其余部分继续流入地幔，至少流到了670公里深处，即上、下地幔的分界线上，但最终或许会下沉至地幔的基部。地震层析成像有助于跟踪其长达十亿年的行程。

在组成地球构造板块的大陆板块和海洋岩石圈之间，有几种不同类型的边界。在海洋中，有洋脊的建设性板块边界，还有潜没作用发生之处的破坏性板块边界。边界可能位于海洋岩石圈下潜到大陆以下之处，例如南美洲西岸形成了安第斯山脉的火山峰。海洋也可下潜到另一个海洋下面，就像西太平洋那些幽深的海沟，那里的火山圈组成了火山岛弧。在有些边界，一个板块

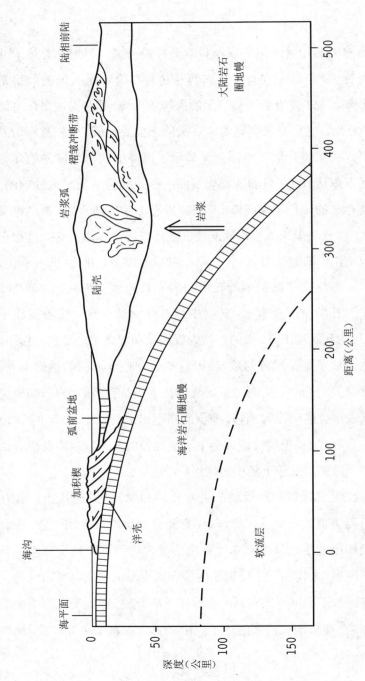

图 12 海洋岩石圈如何潜没在大陆之下，边缘地区的沉积物不断累积，造成内陆的火山活动

会沿着另一个板块一路摩擦，比如加州沿岸。而在另一些板块边界，一块大陆撞击着另一块大陆，我们会在下一章讨论这种情况。

陆地上还剩下什么

海洋的消失并不会带走一切。在海洋岩石圈下潜到大陆下面，或是整个海洋在两大块陆地之间受到挤压的地方，很多沉积物被刮取上来，添加到大陆之上。这是为什么能在陆地上看到这么多海洋化石的原因之一。有时，整块洋壳也会被抬上陆地，这个过程叫作仰冲作用。因为来自碰撞地带，这类岩石往往是极度扭曲的，但把若干个这样的层序提供的证据拼凑起来，就能够一窥全豹。它们被称作"蛇绿岩层序"（ophiolite sequences），英文ophiolite源于希腊语，意为"蛇岩"。"蛇纹岩"这一名称形容的也是同样的事物，之所以有此叫法，是因为热水导致绿色矿物变形，看上去像在水中蠕动的线条。蛇绿岩层序的顶部是海洋沉积物的残余，其下是枕状熔岩和可能曾被注入地下的玄武岩层。接下来是辉长岩，一种缓慢冷却的结晶岩，其组成与玄武岩相同，在基部则是来自岩浆房底部的不同晶体覆层。在那之下可能有地幔岩的痕迹，玄武岩就是源自那里。

失踪的海洋

在过去的数亿年间，显然有很多海洋都曾历经开放和封闭的过程。从12亿到7.5亿年前这段漫长时期，各个大陆聚集成一个巨型的超大陆，围绕着它的是一个横跨地球三分之二面积的广阔海洋。在前寒武纪后期，超大陆分裂成若干块大片陆地。新的海洋形成了。古大西洋是其中之一，存在的时间大约是6亿到4.2亿年前。其接合点，或称地缝合线，即海洋重新封闭之处，就位于如今的苏格兰西北部，短程驱车即可穿过——在5亿年前，那可要穿越5000公里的海面。在2亿年前的侏罗纪时期，西欧和东南亚之间曾有一大块洋面开放，即通向太平洋的特提斯洋。后来非洲环行移动撞进欧洲形成阿尔卑斯山脉、印度闯入中国西藏抬升了喜马拉雅山脉，这一海域又封闭了。地震研究找到了特提斯洋的洋底沉入地幔的残余物质。

在漫长的地质时期，曾有无数机会形成新的海洋，而实际上却都没有形成。东非大裂谷、红海与约旦河谷都是近期发生的明显例子。产生了北海石油储藏和巴伐利亚温泉的北海盆地的延展则是另一个例子。再过数亿年，我们现在看到的大洋地图又会完全过时了。

第五章

漂移的大陆

　　我小时候喜欢帮妈妈做橘子果酱。我承认，我现在还喜欢干这个，偶尔还会自己做。但如今每当我看着炖煮水果和糖的果酱锅，都禁不住觉得自己正在观望着我们所在的星球的演化，只是

过程大大加速了，1秒钟大概相当于1000万甚至1亿年。果酱在小火上慢炖时会建立起对流圈，热气腾腾的橘子果酱团上升到表面，再四下散开。随之而来的是一些浮渣，那是些细小的糖沫，因为密度不够，无法再沉下去，只能聚集成片，漂在表面比较平静的地方。这些糖沫有点像地球上的大陆。它在整个过程的早期就开始形成，慢慢聚积变厚。其下的对流模式偶尔会发生变化，糖沫便分裂开来。有时候，浮沫会聚在一起，堆得更厚。当然，这样的类比应该适可而止。两者的时间尺度和化学作用都太不一样了；地质学家基本上不会在花岗岩中找到糖结晶，也不会在玄武岩中找到橘皮捕虏岩。但在考察地球的糖沫——大陆时，我们不妨把这个形象记在脑子里。

地球的糖沫

陆壳与海洋底部的地壳大不相同。洋壳的主要组成是硅酸镁，而陆壳中含有更高比例的铝硅酸盐。相对于地幔或洋底所含的密度更大的物质，陆壳中所含的铁比较少。这就是为什么陆壳能够漂浮，尽管它是在半固态的地幔之上，而非在液体中漂浮。陆壳还可能很厚。洋壳是相当均匀的7公里厚，但陆壳的厚度可达30—60公里甚至更厚。此外，像海洋岩石圈一样，陆壳之下也有厚厚一层冰冷坚硬的地幔。大陆的根基到底有多深至今仍是学界争论的焦点，该争论很可能会以界定性的结论告终。但大陆又有点像冰山：我们看到的不过是浮出水面的一角。大陆表面的山脉上升得越高，基本上它的根基也就下扎得越深。

漂移的大陆

得益于后见之明、有关地幔对流的知识和海底扩张的证据，我们很容易看到，在漫长的地质时期，大陆相对于彼此曾有过位移。但并非所有的证据都令人信服。虽然詹姆斯·赫顿提出了关于造山运动和岩石循环的理论，但任何原理的提出都需要很长时间。1910—1915年间，美国冰川学家弗兰克·泰勒[①]和德国气象学家阿尔弗雷德·魏格纳提出了大陆漂移的假说。但在当时，没有人能够想象大陆如何像船一样在看似固态的石质地幔上漂流。其后近半个世纪，大陆漂移的支持者一直是少数。然而该学说的少数支持者非常勤奋。南非的亚历克斯·杜托伊特积累了南非和南美洲之间类似的岩石结构的证据，英国地球物理学家阿瑟·霍姆斯则提出了地幔对流作为漂移的原理。直到1960年代，海洋学家们着手这项工作时，辩论才尘埃落定。哈里·赫斯指出，洋壳下的对流可能导致了海底从洋中脊向外扩张，弗雷德·瓦因和德拉姆·马修斯也提出了海底扩张的地磁证据。多亏有加拿大的图佐·威尔逊、普林斯顿大学的杰森·摩根和剑桥大学的丹·麦肯齐等人发表的论文，才将各方面的证据拼接起来，形成了板块构造学说。

板块构造用少量坚硬板块之间的相对位移、相互作用及其

---

① 弗兰克·泰勒（1860—1938），美国地质学家。从哈佛大学辍学后，在父亲的资助下成为北美五大湖地区的冰川学专家。1908年底向美国地质学会投稿，提出了大陆漂移的假说，但遭到其他科学家的忽视或反对。

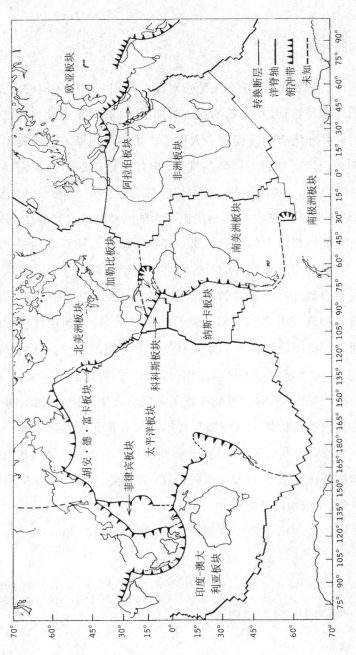

图13 世界的主要构造板块及其边界

边缘的变形，对地球表面做出了解释。这并不是说大陆在自由漂移，而是它们被架在板块上，这些板块延展得很深，包括地幔岩石圈在内，通常厚达100公里。板块并不限于大陆，还包括洋底的板块。地球上一共有七个主要的板块：非洲、欧亚、北美、南美、太平洋、印澳，以及南极洲板块。还有一些小板块，包括环绕太平洋的三个相当坚固的小板块，以及板块接合之处的一些较为复杂的碎片。

我的另一个童年记忆是在世界地图上寻找大陆，把它们剪下来，并试着把它们拼成一块大片的陆地。那一定发生在1965年图佐·威尔逊在《自然》期刊上发表论文那段时间前后。我还记得自己当时激动地发现这些大陆彼此相当吻合，并找到一些原因说明它们为何无法完美吻合。倒不是因为我剪得不够精细。每一个小书呆子都知道，应该沿着大陆架的边缘而不是沿着海岸线剪下大陆。可以切掉亚马孙河三角洲，否则它会与非洲重合，因为自从大陆分离之后那里又有了新的进展。更让人兴奋的发现是，北美洲和南美洲需要分开才能完美接合，西班牙则必须和法国分手。如果把西班牙转回去，就会在如今的比利牛斯山脉那里撞上法国。那么，这种大陆碰撞是否就是造成山脉的原因呢？

大概是在我青春期的时候，全家假期旅行时带我去了比利牛斯山和阿尔卑斯山。在一些地方，我看见那里的沉积岩层并不像其他受干扰较少的地区那样平整，而是皱巴巴的，像是叠起来的起伏不平的地毯。这把我的思绪又带回到橘子果酱那儿。炖果酱时要把一只瓷盘子放在冰箱里。每隔几分钟把它拿出来，在上面滴上几滴滚热的果酱。果酱冷却后，把手指按上去。如果果酱还是液体，那就舔舔手指头在一边等着，让它接着炖。但是过一会儿，果酱接近其凝固点时，放在盘子上的样品用手指一按就会起皱，就像大陆碰撞的缩微模型。对于巨大尺度上的大陆行为而言，这可是个不赖的模型。岩石重叠受到了难以置信的压力，还可能从下方被加热，在大陆碰撞的侧向力的影响下，会倾向于折叠而非破碎。受影响的巨石会受到重力的强大作用，因此，在自身重量的作用下，最险峻的褶皱会下垂成为过度褶皱，看上去就越发像软质奶油冰激凌或橘子果酱的外皮了。

地球不是平的

从地图上剪下来的平面大陆不会彼此完美吻合的另一个原因是，它们所代表的应当是球体表面上的板块。在投影地图上，它们被扭曲了。但在球体表面滑动坚硬的板块也并非易事。简单的直线移动显然不行，因为球体上没有直线。每一点移动实际上都是沿着穿过球体的轴进行的转动。但还有其他难题，其一是在所有相互碰撞板块中找到一个参照物，其二是要将海底扩张的不同速率考虑在内。要研究大西洋的开放以及美洲从非洲和欧洲分离的相对位移，简单模型可能会调用一个类似地球自转轴的轴线。但那就要造出橘皮一样的大西洋洋壳，赤道位置较宽，朝着两极的方向均匀变窄。海底扩张的速率的确各不相同，但这一点无法直观展现。扩张的结果就是转换断层；这些数千公里长的地壳断裂有效调整了洋中脊片段的偏差。

参照系

有了海底扩张的证据和地幔对流的原理，板块构造学说迅速建立起来，成为现代地球科学的核心理论。但直至现在，仍有地质学家反对使用"大陆漂移"这一术语，因为它会让人联想到这一原理尚未得到正确解释且几乎无人信服的那段时间。然而，一旦人们准备好接受这一理论，过去的板块运动的证据便明确显现了。地质学证据可以证明同种类型的岩石分开后，如今位于一个大洋的相反两侧。现存生物和化石遗迹的证据亦可证明在过去的不同时期，不同的生物种群彼此隔离，有时还能够在大陆间穿越。例如，澳大利亚与亚洲的某些部分，如马来西亚和印度支那，分开至今也不过两亿年。从那时开始，这两片大块陆地上的哺乳动物各自独立演化，结果是有袋类动物在澳大利亚占据了主要地位，而有胎盘的哺乳动物在亚洲得以发展。

我们在上一章讨论过洋底玄武岩中有地磁反转的证据，同样，地磁证据也提供了昔日大陆运动最全面的画面。在火山岩凝固时像微小的罗盘指针一样被圈闭其中的磁性矿物颗粒，记录着当时北极的方向。它们不仅显示了磁场本身的小摆动和大逆转，还描绘出千万年甚至数亿年间更广范围内的大型曲线系列，即所谓的磁极迁移曲线。这实际上正是大陆本身相对于磁极如何位移的图示。在比较不同大陆的曲线时，有时会看到它们一起移动，有时又分道扬镳，看到各个大陆本身分离、漂流，又重聚，翩然跳出一支大陆圆舞曲。实际上，这更像是一支笨拙的谷仓舞，因为大陆步履凌乱,有时还会撞在一起。

灵敏的仪器甚至可以跟踪当今大陆的相对位移。在短距离内,比如局部跨越板块边界的地方,测量技术可以做到非常精确,尤其是激光测距。但如今人们也可以通过太空完成整个大陆级别的测量。某些有史以来发射的最奇特的空间卫星就是用作激光测距的。这种卫星有一个由钛等致密金属组成的球体,上面镶嵌了很多猫眼一样的玻璃反射器。这些反射器能够原路反射向其射来的光线,因此,如果从地面射出一束精密的强力激光,并原地记录反射脉冲的时间,就可以算出精确到厘米的距离了。比较来自不同大陆的数值,就能看到年复一年,它们发生了怎样的位移。利用来自遥远宇宙的无线电波作为参照系,天文学家可以用射电望远镜进行同样的测量。现在,美国军方GPS(全球定位系统)卫星已经取消扰频设置,地质学家在野外使用小型手持GPS接收器即可达到相似的精度。细致使用多种读数的话,精度甚至可以提高到毫米级。答数证实了海底扩张速度的证据:板块相对位移的速度大致相当于手指甲的生长速度,即每年大约3—10厘米。

当然,所有这些板块运动的测量都是相对的,人们很难为所有的测量建立一个整体的参照系。夏威夷出现了一个线索。夏威夷的大岛①是一系列火山洋岛中最后出现的,这些火山洋岛向西北方向延展,继而潜入水下,形成天皇海山链。玄武岩的地质日

---

① 即夏威夷岛,夏威夷群岛中最大的岛屿,位于群岛最南端,面积10 414平方公里。

期显示，越往西北方向去，当地的玄武岩就越古老。这个岛链似乎标记着一个通道，太平洋板块经这里横越其下一个充满地幔热物质的地柱。将此地幔柱的历史位置与其他地幔柱加以比较，就会看到它们之间几乎没有什么相对位移；如此一来，这类地幔柱或许可以作为基准点，因为其下的地幔几乎没有过什么变化。至于以此为参照系的绝对板块运动，对它们的估计显示，西太平洋移动得最多。与之相反，欧亚板块几乎没有移动，因此，历史上选择格林尼治作为经度的基准点，或许有其合理的地质学依据！

大陆圆舞曲

将地质学和古地磁学的证据结合起来，就能通过地质时间来回溯构造板块的运动。我们如今看到的大陆是由一块超大陆分裂而来的，这块超大陆被命名为联合古陆。在大约两亿年前的二叠纪时期，超大陆分崩离析，起初形成了两块大陆：北面的劳亚古陆和南面的冈瓦纳古陆。那些大陆的分裂至今仍在继续。但回溯到更加久远的过去，联合古陆本身似乎是由更早时期的多块大陆集聚形成的，再向前回溯，曾经存在过一块更为古老的超大陆，名叫潘诺西亚大陆，而在它之前的超大陆叫罗迪尼亚大陆。这些超大陆分裂、漂移再重新集聚的周期被称为威尔逊周期，得名于图佐·威尔逊。

再回溯到前寒武纪，时间越久远，画面就变得越模糊，也就越难辨认出我们如今所知的大块陆地。例如，在大约4.5亿年前的奥陶纪时期，西伯利亚靠近赤道，大块陆地大多聚集在南半球，现在的撒哈拉沙漠当时则靠近南极。在前寒武纪后期,格陵兰和西伯利亚在距离赤道很远的南方,亚马孙古陆几乎就在南极,而澳大利亚却完全位于北半球。

就如此长距离的漂移而言,当前的纪录保持者之一显然是亚历山大岩层这块陆地。它现在形成了阿拉斯加狭地的大部分。大约5亿年前,它曾经是东澳大利亚的一部分。岩石中的古地磁学证据包括水平面沉向地球的倾斜度,这显示了岩石形成之时的纬度。倾角越小,纬度越高。其他线索来自锆石矿物的微小颗粒。它们携带着放射性衰变的产物,后者记录了它们形成之时的构造活动时期。就亚历山大岩层来说,它们显示了两个主要的造山期,分别是5.2亿年前和4.3亿年前。在这两个时期,东澳大利亚都是造山的发生地,而北美洲却一派平静。相反,北美洲西部在3.5亿年前十分活跃,那时的亚历山大岩层却似乎处在休眠状态。3.75亿年前,亚历山大岩层开始从澳大利亚分离出来,形成了一个水下的海洋高原,彼时有各种海洋动物在那里形成化石。

大约2.25亿年前,亚历山大岩层开始以每年10厘米的速度向北方移动。这一过程持续了1.35亿年,在那段时间,随着亚历山大岩层抵达当前的纬度并与阿拉斯加发生碰撞,北美洲的化石也开始出现了。该岩层甚至还有可能在行程中与加州海岸擦肩而过,从加州马瑟洛德淘金带刮掉了一些物质。如果情况果真如此,那么阿拉斯加淘金潮跟加州淘金潮赖以采掘的或许都是同样的岩石,只不过位置北移了2400公里而已。

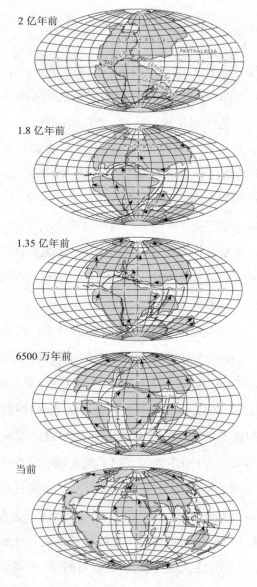

图14 2亿年来的地球大陆变迁图

大陆的堆叠

我们听说过几种不同类型的板块边界。有洋中脊的扩张中心、与洋脊垂直的转换断层，以及海洋岩石圈插入大陆下方的潜没带等等。所有这些都是相对狭窄、界定清晰的地带，用简单图表便可相对容易地理解和解释。但还有一种更加复杂的板块边界，坚硬板块的构造学说无法解释这一现象，那就是陆内碰撞。涉及洋壳的则相对简单。只要洋壳够冷，其密度就足够致密，保证其以相对陡峭的约45°角沉入地幔。陆壳不会下沉，它们像在海中漂浮的软木塞一样始终保持漂浮状态，无惧拍打过来的惊涛骇浪。陆壳也比海洋岩石圈更容易变形。因此，当大陆碰撞时，那情形更像是一场严重的交通事故。

印度接合亚洲的过程就是一个很好的例子。在那以前的数亿年，印度一直在南半球参演一场复杂的土风舞，在场的其他舞者包括非洲、澳大利亚和南极洲。其后，大约1.8亿年前，印度分离出来，开始向北方漂移。印度西侧有一些非常壮观的山脉，即西高止山脉和德干地盾。这些山脉共有一个奇怪的特征：尽管海洋就在西面的不远处，但主要的大河仍然把这些山脉中的水排向东方。巴黎大学的文森特·库尔蒂耶教授开始研究组成这些山峦的玄武岩中的古地磁时，还遭遇了另一个谜题。他曾在喜马拉雅山脉研究经年，希望能将其与更靠南的样本进行比较。他本以为会在厚厚的玄武岩地层中找到历时数百万年、跨越多个古地磁反转的古地磁数据。但事与愿违，他发现那些岩石的磁极都是同向的，这表明它们一定是在最多100万年这样一个短暂时期内喷发出来的。牛津大学的基思·考克斯和剑桥大学的丹·麦肯齐对其间的过程得出了较为肯定的结论。印度曾经是体量更大的大陆，在向北漂移的路上，它穿越了一个当时正值岩浆喷发期的地幔柱。这导致印度大陆的隆起。但德干地盾刚好在这块穹地的东侧。西侧是上坡，河流无法西去。难以想象的火山喷发在数千年时间里生成了数百万立方公里的玄武岩。最终，火山活动把大陆一分为二。我们如今知道的印度次大陆只是原大陆的东北部分。海下的其余部分则躺在塞舌尔群岛与科摩罗群岛之间巨大的玄武岩积层上。事实上，这一火山流泻发生在大约6500万年前的白垩纪/三叠纪分界线前后，包括恐龙在内的很多动物种群也是在此期间灭绝的。也许杀死它们的根本不是某颗小行星，而是这些惊人的火山喷发所导致的污染和气候变化。

在此期间，次大陆的其余部分继续北移，封闭了特提斯洋的巨大洋湾，最终撞进亚洲。虽说特提斯洋的海洋岩石圈质地致密，可以潜没进亚洲下面的地幔，但陆壳却不能如此。这两块大陆的首次接触是在大约5500万年前，但其中一块大陆以巨大的动能在其轨道上不顾一切地前行，简直没有什么可以阻止。封闭的速度大约为每年10厘米，后来逐渐降到了每年5厘米左右，但从那时至今仍在继续碰撞，就像电视上慢速回放的车辆撞毁试验。在此期间，印度次大陆又继续向北行进了2000公里。首先发生的是沉积物的堆叠，以及随着印度大陆板块楔入亚洲之下，一系列潜没断层的地壳随之变厚，像是在推土机前垒起一堆碎石。这层厚厚的大陆物质使得喜马拉雅山脉至今仍在上升。

　　向北穿越平坦的恒河平原,我们能看到第一个巨型逆断层形成了当地的一个明显特征。山峦上的沉积物随处可见,这些沉积物曾经淤积在河床上,但现在被抬升了数十米,不过它们只有几

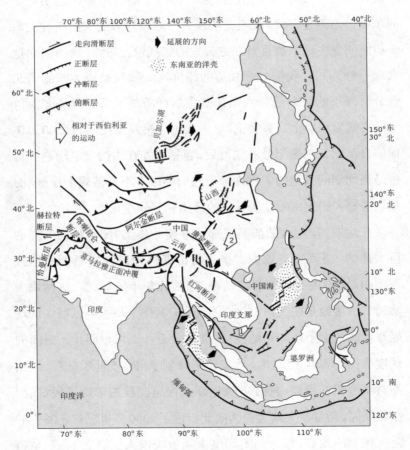

图15　东南亚构造图,显示了印度次大陆碰撞以及中国和印度支那被挤向一侧的运动所导致的主要断裂

千年的地质年龄，表明这样大幅度的抬升是在数次地震中突然发生的。这些山峦是喜马拉雅山脉的山麓小丘，喜马拉雅山脉在一系列东西走向的山脉中崛起。每一条山峰线都大致对应着另一个大陆岩石的巨型楔入。如今暴露在喜马拉雅山脉表面的岩石大都是从大陆深处抬升上来的远古花岗岩和变质岩。从特提斯洋的洋底提升上来的褶皱沉积物则长眠在西藏高原边缘山脉的北方。在它们之后是一系列湖泊，它们对应着两块大陆的初始接合处，也就是所谓的地缝合线。

印度这样一个古老冰冷的大陆非常结实，而且相当坚硬。它所碰撞的亚洲部分则相对年轻和柔软。就像炙热的地幔可以经历固体流一样，地壳岩石也可如此。我们在地表看到岩石时，认为它既硬又脆，但石英等地壳矿物在仅仅数百摄氏度条件下就可以像太妃糖一样流动，地幔更深处的橄榄石也是一样。如果将印度看作相对坚固的大陆，与具有很多液体特性的另一方相撞，就能得到一些印度碰撞亚洲的最佳模型了。要说这另一方像液体，不如说它像半凝固的颜料——越用力挤压，它就越容易变形。这类模型可以解释中亚山脉的格局，却无法解释西藏高原的情形。

中国西藏的崛起

密度相对较低的地壳岩石的堆叠，无法只靠向下的逆冲推覆作用来调节，因而整个区域开始向上浮动。西藏地下致密的岩石圈根部与之分离，并沉回到其下的软流层。余下的日益加厚的大陆岩石向上浮动，将西藏高原抬升了8公里之高。与此同时，亚洲的一部分试图滑行让路，印度支那滑到了东面。这一侧向动作把大陆朝着更远的北方延展，造就了很多地貌特征，其中就包括西藏地区充满湖水的裂口和俄罗斯境内贝加尔湖的深纵裂口。随着地下冰冷致密的岩石圈部分移开，炙热的软流层距离西藏地壳就更近了，足以导致局部的熔融，也解释了西藏部分地区近来发现的火山岩。另有地震学证据表明，西藏高原西南部地下约20公里处有一个部分熔融的庞大花岗岩池。这也有助于解释亚洲如何吸收了来自印度的冲击，以及尽管西藏高原被高耸的山脉围绕，为何它本身还能保持相对平缓。总之，西藏高原看来不大可能会比当前平均5000米海拔更高了。再有任何抬升都会被物质向两侧流动的动作所抵消。多山地区的平均海拔也多半不会超过5000米。在这里，高度被侵蚀所制约。尽管喜马拉雅山脉已经有大量物质被侵蚀，巴基斯坦北部的南伽帕尔巴特峰等地区如今仍以每年若干毫米的速度上升，致使山坡变得峻嶒崎岖，并容易发生滑坡。

季风

喜马拉雅山脉的高度几乎相当于客机正常的飞行高度，这些山脉对大气循环构成了明显的障碍。因此，北面的中亚地区冬季寒冷，且全年大部分时间气候干燥。夏季，西藏高原升起的暖空气阻止了来自西南方的潮湿空气，因而云层堆积，并在印度季风的暴雨中释放其水分。季风在阿拉伯海兴风作浪，把养分带到表层水，从而导致浮游生物一年一度的繁殖期，继而在水下的沉积物中留下了痕迹。沉积物岩芯显示，这一循环始于大约800万年前，或许正对应着西藏高原大抬升的末期和季风气候形态的源起。在中国，乘风而来的尘埃显示，喜马拉雅山脉北部地区也是在这一时期才开始变得干燥。非洲西海岸之外的沉积物也有变化，随风而来的尘埃在地层中有所增加；与其相对应的似乎是非洲开始变得干燥，以及随着潮湿的云层被拉向印度，撒哈拉沙漠开始形成。有一种理论认为，在喜马拉雅山脉被侵蚀的过程中必定发生了大量的化学风化作用，消耗了大气层中的大量二氧化碳，这可能为过去2500万年各次冰川期的出场做好了铺垫。这么说来，我们知道是非洲的气候变化造就了物种演化的压力，导致现代人类在那里得到发展，或许那次气候变化的原因之一就是西藏和喜马拉雅山脉的崛起。

瑞士蛋卷

从喜马拉雅山脉的大陆堆叠再向西，特提斯洋收窄成一个水湾，但在意大利和非洲板块与欧洲碰撞的例子中，碰撞的结果差别不大，只不过后者是略小一些的版本而已。阿尔卑斯山脉是学界研究最多、理解最深的山脉之一。在阿尔卑斯山脉北面有一个沉积盆地，其中慢慢地填满了名为磨砾层的沉积物。山脉南面的意大利境内有一个波河平原，相当于印度的恒河平原。波河平原与山脉之间是一系列的沉积楔，这种沉积物叫作复理石，是由特提斯洋舀取而来的。随后我们来到了瑞士境内高耸的阿尔卑斯山，它由大陆的结晶质基部以及下方部分熔融的花岗岩侵入体共同组成。越过高山，会看到一系列强烈褶皱的岩石，这些岩石被舀取出来,形成巨大的倒转褶曲,名为推覆体,它们折向北方,因为自身的重量而下垂,像搅打过的奶油被舀起来那样。这些推覆褶皱往往延展得很远,以至于地质年龄更加古老的岩石会堆叠在年轻岩石的上方,形成令人非常困惑的序列。与喜马拉雅山脉一样,那里也有一系列逆断层,在很多地方使得大陆地壳的厚度加倍。

克拉通

没有哪个大陆是孑然孤立的岛屿。各个大陆既可分离,也可连接合并。这一结论已屡经验证,阿尔卑斯山脉和喜马拉雅山脉等现代山脉只是最近发生的几个实例而已。其他山脉因为过于古老,经年累月,几乎已被夷为平地。苏格兰西北的加里东山脉和北美洲的阿巴拉契亚山脉也可作为例证,只不过时间要追溯到大约4.2亿年前,大西洋的某个先驱封闭之时。现代大陆都是处处显现出这种特征的百衲被。然而随着大陆变得越古老、越厚重,它就会越坚硬,也越持久。受构造运动影响最小、最稳定的大陆核心被称作克拉通,它们组成了当今南北美洲、澳大利亚、俄罗斯、斯堪的纳维亚和非洲的核心。久而久之,它们也常常会经历缓慢的下沉。澳大利亚的艾尔湖和北美洲的五大湖就位于这样的盆地。与之相反,南部非洲的克拉通却已被其下地幔柱的浮岩抬升了。

大陆的剖面

地震层析成像揭示了整个地球的结构,应用同样的原理也可以巨细靡遗地研究大陆的内部深处。为得到所需的高分辨率，这一技术并不依赖地球另一侧发生的随机自然地震（需要间隔很远的测震仪才能探测到它们），而是自行产生人工地震波，利用附近间隔紧密的探测仪矩阵来拾取反射波。地震层析成像造价昂贵，起初被石油勘探公司所垄断，这些公司小心翼翼地守护着探测结果。但如今很多国家项目都在共享这类数据。其中最先进的当属北美洲，美国的大陆深度反射剖面协会和加拿大的岩石圈探

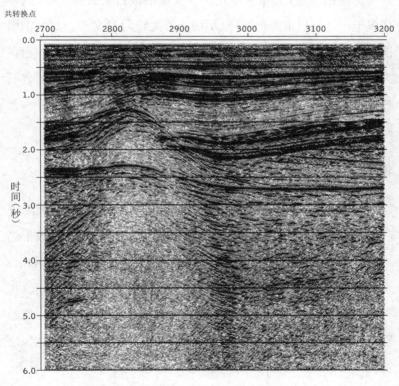

图16　地球地壳内的各地层和一个穹地结构的地震反射剖面图示例

测计划均已建立起详细的剖面图系列。为了产生震波，他们使用一支小型的专用卡车车队，利用水锤泵带动重型金属板来震动地面。绵延数英里的传感器网络监测这些深度震动，并记录来自地下许多地层的反射。计算机分析可以显示出每一个不连续面或密度突变。这些剖面图远比石油勘探者最感兴趣的沉积盆地还要深得多。它们显示了在很久以前合并的各个大陆之间的远古缝合线，还显示出沉降到加拿大苏必利尔湖地区下方地幔中去的一个地层的反射，它很可能是迄今发现的最古老的潜没带，其洋底属于一片早已消失的海洋，地质年龄大约为27亿年。这些剖面图显示出从地幔上升却无法穿透厚重大陆的玄武岩岩浆如何在大陆之下铺垫玄武岩石板，即所谓的岩墙；还显示了当大陆岩石被埋得足够深时，它们是如何开始熔融，从而上升穿过大陆，重新结晶成为花岗岩的。

花岗岩的上升

随着大陆岩石的堆叠，大陆的基底也被越埋越深。大陆下沉时被加热，基底的岩石开始熔融。这些岩石中很多都是数十亿年前沉积在海底的远古沉积物。它们含有与岩石化学结合的水。水有助于岩石的熔融，并有润滑作用，使它们容易上升到表面。与火山岩不同，它们过厚过黏，无法从火山中喷发出去。相反，熔融岩石的巨大气泡或达数万米之巨，向上推进更高层的大陆地层，速度也许相当快。它们炙烤着周围的岩石，缓慢冷却后形成由石英、长石和云母组成的粗糙结晶岩——花岗岩。最终，周围的岩石逐渐磨损,露出壮观的花岗岩穹隆,达特穆尔高地①即是一例。

对一个由硅酸盐岩石和大量的水组成的、构造运动活跃的星球而言,花岗岩的形成或许是不可避免的。但绝不会出现一个没有大陆而只有环球海洋的"水世界"。只要有水,它就会设法参与岩石的化学过程,在它们熔融之时提供润滑,以便它们能够以大块花岗岩的形态上升,形成大陆的顶峰高出海面。如果没有水,那就是金星上的情形了:没有板块的大地构造。如果没有熔融岩浆的内火,就是火星上的情形:古老冰冷的地表,即使有生命,也深藏在地下。在地球上,海洋和大陆始终处于动态的相互作用中,有时这种相互作用是你死我活的。

地球中的宝藏

地质勘探最初的动机之一便是寻找矿藏。若干地质过程可以形成或浓缩出珍贵而稀有的物质。地球的热量可以温和加热沉积盆地的生物遗迹,从而生成煤炭、石油和天然气。我们已经看到了深海热液喷溢口周围何以富集贵金属硫化物,也看到了锰结核在深海洋底形成的过程。矿物以多种方式在大陆岩石中富集。在熔融的岩石中可以形成结晶,其中密度最大的会沉到熔体腔的底部。在聚集矿物质的同时,上升并穿过其他岩石的熔融岩石团块会驱使超热的水和蒸汽先行上升。在压力下,这种水汽混合物可以溶解多种矿物,特别是那些富含金属的矿物,并推动它

---

① 位于英格兰西南部德文郡的一片高原。

们穿过裂缝，那些裂缝曾是它们作为矿脉的寄身之所。其他矿物会在水分蒸发或岩石中的其他组分受到侵蚀时在岩石表面浓缩。只要我们拥有使之再生的技术，地球中的宝藏就唾手可得了。

寻找失落的大陆

如果说在地球历史的大部分时期，大陆浮沫一直都聚集在地球表面，那它是从何时开始的？第一块大陆在哪里？这还很难说。最古老的大陆岩石经过改造、折叠、断裂、掩埋、部分熔融、再度折叠和断裂，被新生侵入岩渗透。此过程是如此漫长复杂，以至于很难清楚地解释，简直有点像从垃圾场的压实废料中辨认某一辆车的残骸。但寻找地球上最古老岩石的探索恐怕已经接近尾声。第一批竞争者中有些来自南非的巴伯顿绿岩带。这些岩石的地质年龄超过35亿年，但它们是枕状熔岩和洋岛的残留物，而不是大陆岩石。如今，人们在澳大利亚西部的皮尔巴拉地区找到了相似的岩石，格陵兰西南部也有距今37.5亿年的岩石，但这些也是海洋火山岩。第一块大陆的最佳候选者长眠在加拿大北部腹地。在耶洛奈夫镇①以北大约250公里无人居住的不毛之地，靠近阿卡斯塔河的位置，孤零零地立着一个工棚，里面装满了地质锤和野营装备。门上方有一个粗糙的标牌："阿卡斯塔市政厅，建于40亿年前。"附近某些岩石的地质年龄已逾40亿年。

那些岩石之所以泄露了自身年龄的秘密，要多亏在其晶格中

---

① 耶洛奈夫镇（Yellowknife），又译黄刀镇，加拿大西北地区的首府。

圈闭了铀原子的锆石矿物颗粒，铀原子经过衰变，最终变成了铅。这些颗粒难免会因为再熔化、后期生长，以及宇宙射线损伤而受到影响，但澳大利亚研发的一种名为"高灵敏度高分辨率离子探针"的仪器，可以使用氧离子窄射束来轰击锆石的微小部分，以便对颗粒的不同区域单独进行分析。某些颗粒的中心部分显示其地质年龄高达40.55亿年，使得它们荣膺地球上最古老岩石的称号，并以自身的存在证明了地球形成不到5亿年即出现了大陆这一结论。

一粒沙中见永恒

但仍有诱人的证据表明，还有些历史更为久远的老古董。在澳大利亚西部，珀斯市以北大约800公里的杰克山区有砾岩岩石，这是大约30亿年前的圆形颗粒和小鹅卵石固结在岩石中的混合物。在岩石的颗粒中间有锆石，这一定是更早期的岩石受到侵蚀而析出的。其中一颗测出的地质年龄是44亿年，而对结晶中氧原子的分析表明，当时的地表一定冷得足以让液态水凝结。这一研究表明，有些大陆出现的时间早得远超任何人的想象，它们在地球吸积的数亿年间就已出现；人们原以为当时的地球是个部分熔融、不适于居住的世界，看来这些发现也提出了与之相反的证据。

未来的超大陆

本章大部分篇幅都用来回望昔日的大陆圆舞曲了。但大陆仍在移动，那么在接下来的5000万年、1亿年甚或更远的未来，世界地图将会变成什么样？首先，合乎情理的假设是事物会沿着其当前的方向继续发展。大西洋会继续加宽，太平洋会收缩。曾经封闭特提斯洋的过程也会继续，阿尔卑斯山脉与喜马拉雅山脉之间的危险地带会发生更多的地震和山体抬升。澳大利亚会继续北移，赶上婆罗洲，继而转个圈撞上中国。在更远的未来，某些运动或许会反转。我们知道，大西洋的某个前身曾经开放过也封闭过，那么大西洋的洋壳最终会冷却、收缩，并开始再次下沉，或许会潜没到南北美洲的东岸下面，这些可能都无法避免。随后这些大陆会再度聚成一团。得克萨斯大学阿灵顿分校的克里斯托弗·斯科泰塞①预测，2.5亿年后会出现一块全新的超大陆——终极联合古陆，其间可能会有一片内陆海，那一切都将会是曾经不可一世的大西洋留下的遗物。

---

① 克里斯托弗·斯科泰塞（1953— ），美国地质学家，"古代地图计划"（Paleomap Project）的创建者，该计划的目标是绘制自数十亿年前开始的地球古代地图。

第六章

火 山

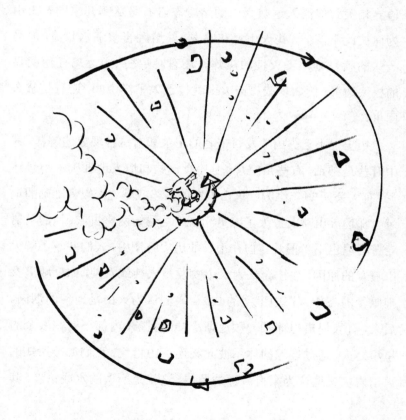

　　永无休止的构造板块运动、山脉的抬升与侵蚀，以及生物体的演化，这些过程都只有在地质学的"深时"跨度上才能够得

到充分认识。但某些正在我们这个星球上进行的过程可以在浓缩的刹那间把这一切在我们眼前铺陈开来，在便于人类观察的时间跨度上改变地貌、摧毁生命。那就是火山。把一个活火山地图叠加在世界地图上，可以清楚地看到构造板块的分界线，此二者的联系显而易见。例如，太平洋周围的火山带显然与板块边界相关。但流入这些火山的熔融态岩石是从哪儿来的？火山为何彼此不同：有些火山温和喷发，其熔融岩浆细水长流，而另一些的喷发则是毁灭性的爆炸？还有，某些火山远离任何明显的板块边界，例如夏威夷诸火山就位于太平洋中间，这又是怎么回事？

历史上不乏火山喷发目击者的记录和对这种现象的解释，其中有些是神话，有些是空想，但还有一些却惊人地准确。小普林尼[①]有关公元79年维苏威火山喷发的描述就是一份较为准确的记录。那场火山喷发毁灭了庞贝和赫库兰尼姆两座古城，他的舅舅老普林尼也不幸罹难。但在很长的历史时期中，人们并不了解火山喷发的原因，往往会认为火山喷发是火神或女神，如夏威夷女神佩蕾的杰作。在中世纪的欧洲，人们认为火山是地狱的烟囱。后来，有人提出地球是一颗逐渐冷却的星球，内部还有些残余的星星之火，通过裂隙的体系彼此相连。19世纪，我们如今所知的火山岩被普遍认为来自海洋的覆层，这就是所谓的水成论者，其

---

① 小普林尼（61—约113），罗马帝国律师、作家和元老。在给塔西佗的信中，小普林尼描述了令他的舅舅兼养父老普林尼丧生的那次维苏威火山爆发，也是在那次火山爆发中，庞贝城被毁。

理论与火成论者截然相反，后者认为这些岩石都是曾经熔融过的。在火成论者的理论发展和普及之后，很多人认为地球内部一定是熔融态的，这种观念直到地震学初露端倪之后才最终被抛弃。谜题之一是火山岩可以有不同的组分；有时甚至从同一个火山喷发出来的火山岩也是如此。查尔斯·达尔文等人首先提出，密度高的矿物结晶析出，沉入岩浆，所以熔融物的组分会发生变化。达尔文对加拉帕戈斯群岛火山岩的观测结果为此说法提供了证据。和提出他的大陆漂移学说一样，正是阿瑟·霍姆斯在20世纪中叶提出了有关固态地球地幔中存在对流的想法，朝着科学的真相迈出了坚实的第一步。

岩石是如何熔融的

了解火山的关键在于了解岩石是如何熔融的。首先，岩石不必完全熔融，因而虽说熔融的岩石造就了熔融态的岩浆流体，大部分地幔仍保持固态。这意味着这种熔融物的组分不一定与大部分地幔的组分相同。只要表层岩的矿物颗粒相交的角度——所谓二面角——足够大，岩石就像多孔的海绵一样，熔融物也就会被挤出去。计算结果显示出它如何流动聚集，并以类似波的形式相当迅速地上升，在表面生成熔岩；一般来说，当熔岩达到一定数量，火山就会喷发。

熔融并不一定需要温度上升，它也有可能是压力下降的结果。因此，炙热的固态地幔物质组成的地幔柱在其上升过程中，所承受的压力下降，就会开始熔融。在地幔柱的例子中，这种情况在地下极深处即可发生。夏威夷喷发的玄武岩中氦同位素的比率表明,其生成于地下150公里左右。那里的地幔主要由富含矿物橄榄石的橄榄岩组成。与它相比,喷发而出的岩浆含有较少的镁和较多的铝。据估计,仅需4%的岩石熔融,便可产生夏威夷的玄武岩。

在洋中脊系统之下,熔融发生的位置要浅得多。这里几乎没有地幔岩石圈,炙热的软流层靠近表面。这里较低的压力可导致更大比例的岩石熔融,或达20%—25%,从而以适当的速率提供岩浆来维持海底扩张,并生成7公里厚的洋壳。大部分洋脊喷发都无人察觉,因为它们发生在2000多米深的水下,迅速熄灭,形成枕状熔岩。但地震学研究表明,在部分洋脊,特别是在太平洋和印度洋,洋底数公里之下存在岩浆房,不过也有证据表明大西洋中脊下也有岩浆房存在。在那里,地幔柱与洋脊系统叠合,冰岛即是一例;那里产生的岩浆更多,洋壳也更厚,乃至升出海面形成了冰岛。

夏威夷

夏威夷大岛不仅居民热情好客,那里的火山也一样十分友善。希洛镇附近有一座4000米高的冒纳罗亚(Mauna Loa)火山,但若说镇子背后这座火山有可能爆发,其威胁可能还不如远处的地震引发的海啸。希洛镇的北面和西面坐落着夏威夷群岛的其他岛屿和天皇海山链,描摹出太平洋板块横越其下地幔柱热点的漫漫征途。夏威夷大岛的南方是罗希海底山,这是夏威夷火山中最新的一个。迄今为止，它还没有露出太平洋水面，但已经在洋底建起了一座玄武岩高山，不久以后几乎一定会变成岛屿浮出水面。夏威夷的熔岩流动性很强，可以覆盖大片区域，而不太可能形成非常陡峭的斜坡。这样的火山有时也被称为盾状火山，可以大范围溢流玄武岩。某个特定的岩浆流往往会生成一个环绕岩流的隧道，外壳虽然凝固，内部仍然继续流淌着岩浆。岩浆断流之后，排干了的隧道便保持着中空状态。

最后一座停止喷发的大火山——冒纳凯阿火山（Mauna Kea）是地球上晴天最多的地方之一，也是一个国际天文观测台的所在地。我到那里游历的一天晚上，通过望远镜看到了位于冒纳罗亚火山侧面的普奥火山口的一次剧烈喷发。第二天，我乘坐直升机低空飞越了刚刚喷发出来的熔岩流。打开舱门，能够感受到炙热岩浆的辐射热，有好几处仍在流淌着熔岩，空气中有一丝硫黄的气味。但一切看来都很安全，甚至在火山口上方盘旋也是如此，不过要避开烟气与蒸汽的热柱。附近的基劳亚破火山口现今有过多次火山喷发，但那里竟然还有一个观测台和观景台。每隔几个星期，游客就能目睹一次新的喷发，起先往往能看到一片火幕，伴随着许多沿着裂缝排列的灼热岩浆喷泉。火中并无一物燃烧，但通过灼热奔流的熔岩释放的火山气导致白热的蒸汽喷射到数十米甚至数百米的空中。火山喷发可能只持续几个小时。尽管有高空喷射，但由于熔岩的高度流动性，火山的喷发并不是特别容易爆炸。附近火山观测台的火山学家们可以穿着热防护服接近熔岩，甚至火山口。他们很可能已经通过灵敏的测震仪网

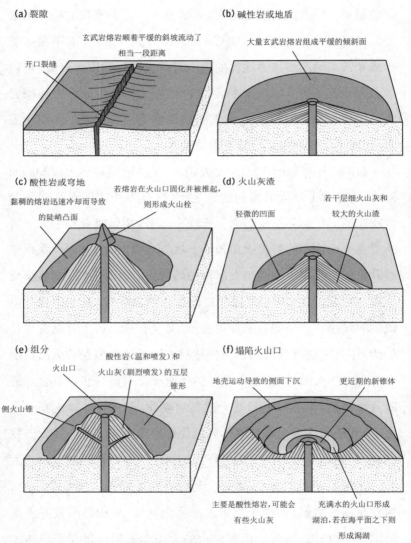

(a) 裂隙

玄武岩熔岩顺着平缓的斜坡流动了相当一段距离

开口裂缝

(b) 碱性岩或地盾

大量玄武岩熔岩组成平缓的倾斜面

(c) 酸性岩或穹地

黏稠的熔岩迅速冷却而导致的陡峭凸面

若熔岩在火山口固化并被推起，则形成火山栓

(d) 火山灰渣

轻微的凹面

若干层细火山灰和较大的火山渣

(e) 组分

火山口

酸性岩（温和喷发）和火山灰（剧烈喷发）的互层

锥形

侧火山锥

(f) 塌陷火山口

地壳运动导致的侧面下沉

更近期的新锥体

主要是酸性熔岩，可能会有些火山灰

充满水的火山口形成湖泊，若在海平面之下则形成潟湖

图17　以形状（不按比例尺）划分的主要火山类型

络以及测量岩浆上升流所带来的地心引力变化，探测到火山口的岩浆上升。有时，他们还能够从火山口直接采集未经污染的火山气体样本并测量熔岩的温度。火山喷发的温度大约是1150℃。

普林尼式火山喷发

火山喷发的性质取决于岩浆的黏性及其所含的溶解气体和水的容量。在喷发早期，地下水全部会被飞速闪蒸成为水蒸气。随着压力的释放，气体从溶液中挥发出来，迅速扩张，有时甚至会爆炸。四下流淌的玄武岩中所含的气体适量，就能产生夏威夷的火喷涌现象。如果气体含量更大，会携带着细碎的火山灰和火山渣等固态物质。当岩浆仍含有大量气体时，初期的喷发会更加剧烈。如果它有时间在相对较窄的岩浆房沉积下来，表现就会温和得多。有时，气体和火山灰高高升入空中，导致火山灰在空中大面积扩散。公元79年，人们目睹的维苏威火山喷发即是如此；这种现象被称为普林尼式火山喷发，得名于小普林尼对其舅舅遇难情景的描述。

这样的喷发可以生成很多种不同的火山岩。火山灰和火山渣在落地之前质地坚硬，但在落地后则会形成松软的凝灰岩层。如果碎屑仍是熔融态的，则会形成熔结凝灰岩。靠近火山口的地方，会有大块岩浆被抛出。如果它们在落地时还是熔融状态，就会形成飞溅的炸弹，看出去有点像牛粪团。如果仍在飞行中的熔岩炸弹在空中凝结一层固态外壳，就会形成一枚剥层火山弹，看上去更像是一大块发酵面包。迅速猝熄的熔岩可能会形成一种被称作黑曜岩的火山玻璃。有时熔岩固化时内部仍有气泡，即所谓的气囊。有时熔岩中的气泡会形成泡沫，这样生成的浮岩密度很低，能够漂在水上。熔岩流的表面可能非常粗糙，像煤渣一样，在夏威夷人们称之为"啊啊"（a a）熔岩。（这是夏威夷语的一个单词，而不是人试图走过熔岩时发出的尖叫！）流体熔岩流形成的一层薄皮可能会起皱变成流线，生成绳状熔岩。有时会拉出细股的熔岩，这种效果有时被称为"佩蕾的发丝"。

太平洋火圈

只要避开火喷涌和快速流动的熔岩，夏威夷岛的火山喷发还是相当安全的。但大多数火山可不是这样。太平洋大部分都在火圈包围之中，那些火山的性情可要暴烈得多。当海洋板块下潜进大陆或岛弧的潜没带下，就形成了所谓的成层火山。这些火山常常是风景明信片的主角。日本富士山就是其中之一，它有着陡峭的圆锥形斜坡，积雪盖顶，火山口终年烟雾缭绕。但人们往往被这类火山的美丽外表所迷惑，对其险恶的行为视而不见。它们因频繁的地震和突然间剧烈的火山喷发而臭名昭著，比如日本的云仙岳火山和菲律宾的皮纳图博火山均在1991年显露出狰狞面目。它们之所以被称为成层火山，是因为熔岩、火山灰或火山渣交替的分层结构，喷涌所及的范围远大于山峰本身。

它们之所以比夏威夷火山表现暴戾，是因为岩浆不是来自地幔的清洁新生物质。其地下的下沉物质是旧洋壳，其中浸透了水，既有存在于气孔和裂隙中的液态水，也有与含水矿物结合的水。随着板块下潜，因为深度，可能也是摩擦力的作用，水被加热了。水的存在降低了熔融点，因而发生了部分熔融。压力非常大，以至于水在熔融物中很容易溶解，为其润滑，从而使得这部分岩浆向上挤压通过上面的陆壳。在它接近地表的过程中，压力下降，水分开始变成蒸汽逸出。这一过程非常迅速和剧烈，很像在充分摇动一瓶香槟之后拔去塞子，气体逸出的情形。

在上升过程中，岩浆会聚积在岩浆房中，直至积聚足够的压力喷发出去。在此期间，致密的矿物会固化并下落到岩浆房的底部。这些矿物，尤其是铁化合物，是令玄武岩变得黝黑致密的物质。留待喷发的熔融物颜色较浅，所含的氧化硅更多——在某些情况下含量高达70%—80%，而玄武岩中的氧化硅含量最多只有50%。它所形成的岩石被称为流纹岩和安山岩，是日本和安第斯山脉等地特有的岩石。喷发十分剧烈，不仅是由于含水量较高，还因为这种富含氧化硅的熔岩的黏性也高得多。它们不易流动，气泡不容易逸出。这种熔岩无法像夏威夷火山喷发那样形成喷射，只会一路轰鸣，喷薄而出。

圣海伦斯火山

近年来最著名的一次火山喷发就来自一座这种类型的火山。圣海伦斯火山位于美国西北的华盛顿州，那里是太平洋板块潜没之处。1980年初，那里还是一个松林湖泊环绕的美丽山脉，也是度假胜地。自1857年以来，它几乎没有过什么活动的迹象。然后，就在1980年3月20日，一系列小地颤累积成4.2级的地震，火山再度苏醒过来。地颤持续增加，引发了小型的山崩，直到3月27日，顶上火山口发生了一次大喷发，圣海伦斯火山开始喷涌出火山灰和蒸汽。盛行风将暗色的火山灰吹向一侧，另一侧则被白雪覆盖。火山呈现出黑白相映的景象。

截至那时，还没有熔岩喷发出来，从火山口逸出的只是蒸汽和被吹出的火山灰。但逸出的蒸汽是预警信号，表示火山下的炙热岩浆上升。地震活动继续，但测震仪也开始记录有节奏的连续地面震动，与地震的大幅震荡截然不同。这种所谓的谐波震颤据信是由火山下的岩浆上升而产生的。到5月中旬，所记录的地震达到一万次，在圣海伦斯火山北侧还出现了显著的隆起。地球物理学家向置放在隆起周围的反射器发射激光束，以此来测量隆起的速度，它以每天1.5米的惊人速度向北推进。到5月12日，隆起的某些部位比岩浆侵入开始前高了138米多。火山几乎被楔成两半，进入了极度不稳定的危险状态。

5月18日星期天一大早，基思和多萝西·斯托费尔乘坐一架小飞机越过火山上空时，突然注意到岩石和积雪向火山口内部滑落。几秒之内，顶部火山口的整个北侧开始移动。隆起部分在大山崩中塌陷下去。那情景就像拔出了香槟瓶口的塞子。里面的岩浆暴露在空气中。几乎瞬间便发生了爆炸。斯托费尔夫妇赶紧驾机俯冲以便提速逃生。美国地质勘探局的戴维·约翰斯顿就没那么走运了。在他使用无线电波从火山以北10公里处的观测站发送出最后一道激光束测量值之后一个半小时，北侧山坡塌

图18 1980年美国华盛顿州圣海伦斯火山喷发是近年来最壮观的景象之一，也留下了最精确完整的记录。火山灰和烟雾升腾近20公里进入大气层

陷下来,爆炸朝着他席卷而去。算他在内,共有57人在此次火山喷发中遇难。

爆炸开始的时间比山崩晚了几秒,但爆炸很快就占据上风。它散开的速度超过了每小时1000公里。在方圆12公里范围内,树木不但倒地,还被卷走。生灵涂炭,人造物荡然无存。30公里开外的树木也被掀倒,只在低洼处有零星的小片林子得以幸存。甚至在更远的野外,树叶也被热量烤焦,枝干惨遭折断。

横向爆炸过后不久,一道笔直的火山灰和蒸汽柱开始上升。不到10分钟就升到了20公里之高,并开始扩展成为典型的蘑菇云。盘旋的火山灰颗粒产生了静电,闪电造成了很多森林火灾。大风很快将火山灰吹到东面,航天卫星得以环绕地球跟踪其踪迹。火山灰落在美国西北部的大部分地区,厚度在1—10厘米之间。在9个小时的剧烈喷发期间,大约有5.4亿吨火山灰落在5.7万平方公里的土地上。

然而,这类火山喷发的另一个危险是所谓的火山碎屑流。它们是由爆炸散落的岩石或岩浆颗粒组成的,在一团高温气体中,以每小时数百公里的速度横扫开去。其温度和速度足以致命。1902年,西印度群岛马丁尼克岛上的培雷火山喷发,火山碎屑流扫荡了圣皮埃尔市,全市3万居民几乎全部罹难。颇有讽刺意味的是,两名幸存者中,有一位是由于被单独监禁在通风不佳的厚墙牢房里而活了下来。圣海伦斯火山的火山碎屑流并不比山崩碎片所到之处更远,然而在某些地方,喷发物质抵达古老的湖底,热量仍足以将湖水闪爆成蒸汽,那情形就像是次级火山喷发。公元79年,或许就是火山碎屑流摧毁了古城庞贝。

圣海伦斯火山本身的高度比喷发前矮了400米,中间产生了一个大大的新火山口。1988年又有数次爆发式喷发,1992年也有一次,但都不如第一次那样壮观。如今,山上到处都是科学仪器,它们完全能够捕捉到进一步活动的迹象。

过去的爆发

圣海伦斯火山的喷发或许看似可怕,但与史上和史前其他火山喷发相比,还算是小规模的。这次喷发将1.4立方公里的物质抛到空中。相比之下,1815年印度尼西亚的坦博拉火山喷发喷射出大约30立方公里的物质,而公元前5000年,美国俄勒冈州马札马火山的一次喷发产生了大约40立方公里的火山灰。1883年,喀拉喀托岛(位于爪哇岛西面,而非电影[①]片名中所说的东面)喷发,在洋底留下了一个290米深的火山口。共有3.6万人伤亡,大多数溺死于随后的海啸,在海啸中,40米高的巨浪将一艘蒸汽船深深搁浅在丛林中。大约公元前1627年,轮到爱琴海的桑托林岛——或称希拉岛——喷发。那次喷发发生于弥诺斯文明[②]青铜时代的鼎盛时期,很可能成为这一文明衰败的原因之一,也是关于失落的亚特兰蒂斯大陆的传说的来源。在地质学的时间尺度上,这些也不过是一系列剧烈喷发中距今最近的几次而已。

---

① 指1969年的美国电影《喀拉喀托:爪哇之东》,曾获得1970年美国奥斯卡最佳视觉效果奖提名。
② 主要集中在爱琴海地区克里特岛的古代文明,其持续时间大约是公元前2700—前1450年。

火山的剖析

人们关于火山的刻板印象，无非是圆锥形的山峦坐落在水池一样的岩浆房上，从顶上火山口中喷出岩浆，然而事实上，很少有真实的火山与这种刻板形象相符。西西里岛的埃特纳火山是学界研究最全面的火山之一，它显然要复杂得多。这是一座非常活跃的火山，地质年龄很可能只有大约25万年。当然它不可能一直持续着近30年来人们所观测到的活跃程度，否则它应该更大一些。它与维苏威火山以及它北面的武尔卡诺岛和斯特龙博利岛等火山岛不同。那些是由爱奥尼亚海海底的潜没作用所提供的喷发物质组成的成层火山。与之相反，埃特纳火山可能源自地幔柱。但它似乎天性善变。对不同年代的熔岩组成的测量显示，近来它开始呈现出更多前一种火山的特性，也就是说，更像是它北方那些由潜没作用注入物质的火山了；此外，其喷发的性质看来也的确在改变，变得越来越剧烈，具有潜在的危险。

在埃特纳这样的火山下面进行测量和研究会非常复杂。并不存在什么现成的中空管道系统坐等岩浆的到来；岩浆必须经由阻力最小的路线强行上升。在地幔柱中，首选路线很可能是易于被泪滴形的上升岩浆块推开的低密度物质柱。在更坚硬的地壳中，岩浆必须找到一条穿过裂隙的路线。大型火山非常重，会使其所在的地壳超载，形成同心裂纹网。火山活跃期停止后，它会沿着这些裂纹塌陷，生成一个宽阔的破火山口。随着岩浆继续上升，它会强行进入裂纹，形成同心的圆锥形薄板或环状岩墙的脉群。火山内部的岩浆上升会造成其隆起，并爆裂成一系列小型的地颤。在埃特纳火山这个例子中，顶上火山口显示出近乎持续的活跃度。我曾在静止期爬上陡峭而疏松的火山渣锥向内窥视。即使在那时，地面摸上去仍是温热的，空气中也有硫黄的气味。火山口喷发出水蒸气，发出的声音与我想象中巨人或恶龙的鼾声没有什么不同。

有时，恶龙醒来，火山口边缘便不再是安全的立脚之所。喷发开始时，直径达一米之大的炙热岩石块可能会被抛到空中。1979年的一次火山喷发便是如此开始的，但随后被一场大雨浇得陷入沉默，导致了火山口内侧的滑塌。然而，压力累积起来并引发了爆炸。不幸的是，当时火山口周围还站着很多游客。那场喷发中有30人受伤，9人遇难。英国公开大学的约翰·默里博士回忆起1986年的另一次火山喷发，当时他在观察一场貌似相当普通的喷发，整个下午火山活动缓慢。有火山弹落在火山口外200米范围内，地质学家们还很安全。随后，火山弹的落地范围突然扩大到逾2公里。大块的岩石从地质学家的头上呼啸而过，落在他们身旁。在统计学意义上，被岩石击中的概率并不大，但约翰·默里说身临其境的感觉可没这么淡定。

约翰·默里及其同事多年来一直在观测埃特纳火山，他们越来越熟悉喷发来临前的征兆。他们会使用测量技术和全球定位系统来定位山腹因其下的岩浆上升而发生的轻微隆起，还会监测地表裂缝被迫张开而引发的地颤。重力测量可以显示岩浆上升时的密度。喷发平静下来之后，测量者还会监测山坡，他们特别

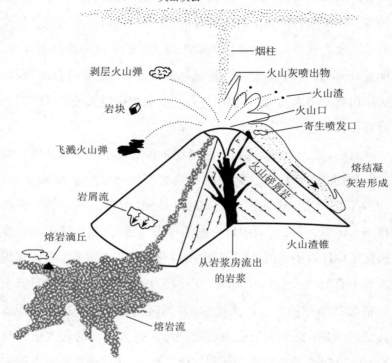

火山灰云

烟柱

火山灰喷出物

火山渣

火山口

寄生喷发口

剥层火山弹

岩块

飞溅火山弹

熔结凝灰岩形成

火山碎屑岩

岩屑流

熔岩滴丘

火山渣锥

从岩浆房流出的岩浆

熔岩流

图19　喷发中的复合火山——如埃特纳火山——的一些主要特征

关注的是卡塔尼亚城[①]上方的东南侧陡峭山坡。1980年代初期，该山坡有些地段在一年之内下沉了1.4米，有人担心山坡会就此塌陷，甚至会降低内部岩浆所受的压力，从而引发像圣海伦斯火山喷发时那样的横向爆炸。或许早在公元前1500年左右就已经发生过这种情况，迫使古希腊人放弃了西西里岛东部。

---

　　①　意大利南部西西里岛东岸一城市，也是卡塔尼亚省的首府。历史上以地震频繁闻名。

火山喷发一般从顶上火山口开始，但是，一旦初期的气体释放，岩浆便会强行穿过山腰的裂隙，有时会危及附近的村落。人们曾试图通过开凿另外的通道和铲平土方来让岩浆流转向，或者用水淋浇甚或爆破来阻止岩浆流。这些方法有时可以挽救家园，有时却无济于事。1983年，一道岩浆一直流到接近地质学家居住的萨皮恩札饭店外才停了下来。时至今日，与山峦的威力相比，人类压制火山力量的尝试仍然显得微不足道。

火山与人类

火山灰和参差不齐的岩浆流会以令人惊讶的速度迅速分解，产生富饶肥沃的土壤。健忘的人们总是聚集在火山周围，在那里建起农场、村落乃至城市。如今，监测火山，并在其内岩浆上升、喷发即将来临时至少获得某些警报都是可能的。但即使在那样的时刻，劝说人们离开有时也绝非易事。在维苏威火山下的那不勒斯湾这样人口密集的地方，及时疏散人群既不现实也不可能。在南美洲和其他地方那些不甚著名的火山，至今甚至没有学者对其做过任何冲击力方面的学术研究。

移动缓慢的岩浆流和更加致命的火山碎屑流并非仅有的危险。在喷发的火山周围聚集起来的尘埃和水蒸气的喷发云会造成大雨，若与火山上融化的雪水配合，会导致灾难性的泥石流或火山泥流。1985年，哥伦比亚的内瓦多·德·鲁伊斯火山就曾发生过这样的情况，泥石流沿山坡一路扫荡，造成大约22 000人死亡。威胁甚至可能毫无行迹可觅。喀麦隆境内尼奥斯湖的深水

主要的火山

名称	海拔（米）	大喷发时间	最后一次
苏联别济米安纳	2800	1955—1956	1984
墨西哥埃尔奇琼	1349	1982	1982
南极洲埃里伯斯	4023	1947, 1972	1986
意大利埃特纳	3236	频繁	2002
日本富士山	3776	1707	1707
爪哇岛加隆贡	2180	1822, 1918	1982
冰岛赫克勒	1491	1693, 1845, 1947—1948, 1970	1981
冰岛海尔加费德	215	1973	1973
阿拉斯加州卡特迈	2298	1912, 1920, 1921	1931
夏威夷基拉韦厄	1247	频繁	1991
苏联克柳切夫斯科耶	4850	1700—1966, 1984	1985
苏门答腊岛喀拉喀托	818	频繁，尤其是1883	1980
圣文森特岛苏弗里耶尔	1232	1718, 1812, 1902, 1971—1972	1979
美国拉森峰	3186	1914—1915	1921
夏威夷冒纳罗亚	4172	频繁	1984
菲律宾马荣	2462	1616, 1766, 1814, 1897, 1914	2001
蒙特塞拉特		1995年前一直休眠	1995—1998
扎伊尔尼亚穆拉吉拉	3056	1921—1938, 1971, 1980	1984
墨西哥帕里库廷	3188	1943—1952	1952
马丁尼克岛培雷	1397	1902, 1929—1932	1932
菲律宾皮纳图博	1462	1391, 1991	1991
墨西哥波波卡特佩特	5483	1920	1943
美国瑞尼尔山	4392	公元前1世纪, 1820	1882
新西兰鲁阿佩胡	2796	1945, 1953, 1969, 1975	1986
美国圣海伦斯	2549	频繁，尤其是1980	1987
希腊桑托林岛	1315	频繁，尤其是公元前1470	1950
意大利斯特龙博利	931	频繁	2002
冰岛叙尔特塞	174	1963—1967	1967
日本云仙岳	1360	1360, 1791	1991
意大利维苏威	1289	频繁，尤其是公元79	1944

中累积溶解了大量的火山二氧化碳。1986年的一个寒夜，湖面上致密冰冷的水体突然下沉，把富含气体的水带到湖面并释放了其中的压力。这就像打开一瓶充分摇动的苏打水一样，密度大于空气的气体突然释放，席卷了山谷，导致附近村里的1700人在梦乡中窒息而死。

　　火山的力量或许无法阻挡，但通过审慎规划和仔细监测，人类可以学着相对安全地与之共存。

第七章

地动山摇之时

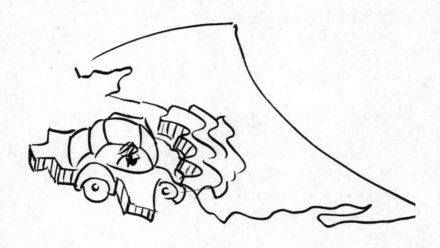

　　全速横穿大洋的超级油轮有着很大的动能,制动距离长达数十公里,然而没有什么能够阻挡整块大陆。我们已经听过印度和亚洲历时5500万年的慢动作碰撞的故事,其他构造板块也都在发生相对位移。板块的相互摩擦引发了地震。大地震地图所显示的板块分界线甚至比火山地图还要清晰。

　　全球定位系统测量显示了构造板块如何以每年几厘米的速度缓慢而稳定地滑过彼此。但在接近板块边缘处,滑动就没那么流畅了。在有些地方，运动仍然稳定，没有发生大地震，岩石仿佛被涂抹了润滑剂，抑或变得非常柔软，以至于它们的移动简直可以被称作蠕动。但很多板块边界却动弹不得。然而大陆持续移动，张力不断累积，最终岩石不堪忍受而突然破碎，地震就发生了。

随着洋壳潜没进地幔，也有些地震发生在很深的位置。但大多数地震都发生在顶部15—20公里处，那里的地壳又热又脆。岩石沿着所谓的断层线破碎，传出地震波。地震波看来是从地下的震源沿断层散发出去的。震源上方地表上的那个点叫作震中。

地震的震级

里克特和梅尔卡利震级表为地震划分了等级。前一种测量的是实际的波能，后一种则标记了破坏的效果。里克特震级表是用对数表示的，因此只使用数字1—10便可标记所有地震：从地震活跃区几乎无法察觉的频繁日常颤动，到有据可查的最大地震——迄今为止，最大规模的地震发生于1960年的智利海岸，其在震级表上的测量值为9.5级。震级表上每个点之间的能量差别是30倍。因此，例如，7级地震很可能比6级的破坏力大得多。令人啼笑皆非的是，查尔斯·里克特这位为震级表命名的加州地震学家在1985年去世之后，他的许多个人记录却在1994年洛杉矶附近北岭镇的一场6.6级地震所引发的火灾中毁于一旦。

世上最著名的裂缝

在美国加州，地震几乎就是家常便饭。巨大的太平洋板块

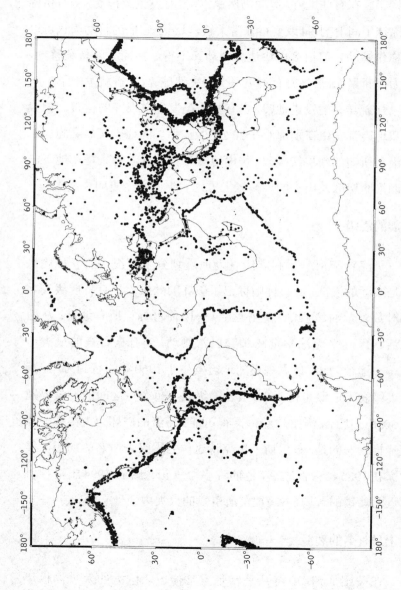

图20 过去30年未来地壳大地震（5级和以上）的分布。大多数聚集在构造板块的边界上，但也有少数发生在大陆腹地

在持续运动中，它没有下潜到美洲大陆之下，而是在所谓平移断层与大陆擦身而过。接合位置几乎从来都不是一条直线，因此，主要断层线上的扭结导致很多平行和交叉的裂缝或断层。其中大多数位置经历了频繁的小型地震，任何一处均有可能成为大地震的中心。包括板块边界本身在内，最著名的裂缝要数圣安德烈亚斯断层了。它起自加州南部，在洛杉矶内陆曲线行进，一路向西北直达旧金山，通向大海。它在1906年恶名加身，当时旧金山毁于一场大地震，随后可怕的火灾烧毁了所有的木质房屋。

洛杉矶与旧金山之间是一片不毛之地，很容易在光秃秃的山峦中辨认断层的痕迹。有时，斜坡上的一个微小变化即可标记其行踪。有时，可以看见它切断了地形，仿佛有一只大手持刀划过地图。断层似乎直线行进了100英里。我曾在洛杉矶和旧金山中间的一条高低不平的机耕道上沿着这条断层行进。断层东面是坦布洛山脉低矮的侵蚀丘陵，西面则是干燥的卡里佐平原缓坡，向下直通圣路易斯-奥比斯保和太平洋。从丘陵地带下来是一些干涸的河床。在河床与斜坡基部之处，似乎发生过一些奇怪的事情。那些河流并没有直接流向西方，而是向右急转90°，沿着丘陵基部向北走了几十米，然后又向左急转弯继续流向大海。华莱士溪是其中规模最大的河流之一，这条得名于美国地质勘探局的罗伯特·华莱士的河流深深地嵌入柔缓的丘陵斜坡。它在横穿断层时错位了130米。它起初必然是直接流下山坡的，沿途切出深深的河道。在一系列地震中，平原西部突然向北倾斜，河床自

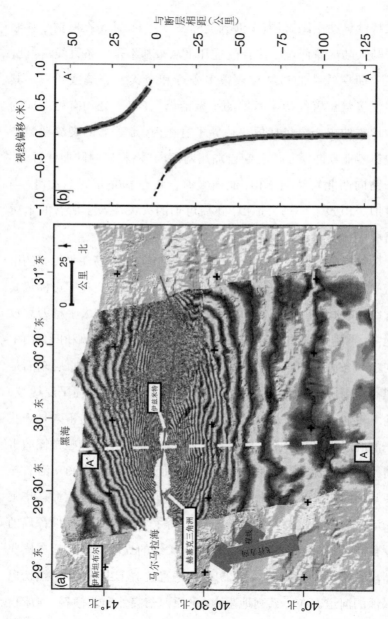

图21 1999年土耳其伊兹米特地震前后数据相结合之后的卫星雷达干涉图，显示出地面的运动

然也跟着转向了。冬汛无法在高耸的河岸上切出一条新的河道，所以这些溪流沿着断层流淌，直到再次与原先的河床会合。这不是一蹴而就的。罗伯特·华莱士及其同事综合使用了挖方和放射性碳测定年代技术，计算出了地质时期。史书中唯一一个记录发生在1857年，它解释了最后9.5米的平移。距离这次平移最近的两次移动都发生在史前，分别将河道平移了12.5米和11米。平均下来，圣安德烈亚斯断层在过去13 000年以每年34毫米的速度滑动。如果保持这一速度，那么2000万年后，洛杉矶将会挪移到旧金山的北方，两个城市间的距离与当前一样，只不过现在它是在旧金山的南面。当然了，加州人都知道这条道路并不平缓，他们为此可算是吃尽了苦头。

测量移动距离

在大陆尺度上测量以米或厘米为单位的移动距离，在过去几乎是不可能的，但如今就相对容易了。像美国加州和日本这样的断裂带上被放置了各种仪器。尤其是与全球定位系统连接的接收器，可以保证连续监视这些断裂带在地表上的位置。如果它们联入自动监测网，就可以立即向有关方面通知地震发生的准确位置和严重程度。正如我们将要看到的，它们还有助于地震预警。太空可以传送更清晰的实况图像。配备了合成孔径雷达的遥感卫星可以记录地面的形状，精确度非常高，以至于将地震前后分别拍摄的两张图片叠加后，可以生成干涉图样，显示出移动断层的精确区段及其运动。

板块中部的地震

就算表面上看来十分坚硬的大陆板块也受到压力和张力，它们有时也会移动。在美国简短的历史记录中，最大的地震并不是发生在加州，而是在美国东部。1811年，圣路易斯市附近的边城新马德里被3场里克特震级高达8.5级的大地震所撼动。这3场地震威力强大，足以摇动波士顿教堂里的吊钟，如果当时广阔的密西西比平原上存在大型的现代城市，也定会被夷为平地。迄今也不确定那场地震是由于在密西西比河沉积物的重压之下大地下沉所导致的，还是威力无穷的密西西比河本身恰恰就是地壳延展的产物。原因可能在于这里是某个海洋企图开放的备选线路，尽管最终它选择了阿巴拉契亚山脉另一侧的大西洋。但也许它是在做另一番尝试。无论原因如何，如果今天在新马德里再来一次地震，所造成的破坏将是不可估量的。

深层地震之谜

通过绘制地震深度图，我们就有可能跟踪海洋岩石圈在潜没带下降的位置，如太平洋板块潜入南美洲安第斯山脉之下的具体位置。在起初的200公里左右，岩石冷脆，因而会破碎，又因为接近表面，所以就产生了地震。但某些地震的震源似乎要深得多，有的深达600公里，那里的热量和压力会让岩石变得软韧，使它们更易变形而非破碎。一个可能的解释是，这些深层地震或许是由于整层结晶正在经历着相变，从海洋岩石圈中的橄榄石结构变为地幔中密度更大的尖晶石型结构。反对这一学说的论据是,这一过程只会发生一次,而同一地点迄今已经发生了好几次有记录的地震。但这也可能是因为有连续若干层橄榄石在经历相变。

听天由命

2001年1月,整个印度西北部地动山摇,这场毁灭性的地震震中位于古吉拉特邦普杰市。此乃印度与亚洲的洲际碰撞余波未了。印度与中国西藏之间的相对运动仍在以每个世纪大约2米的速度持续累积。20世纪已经发生了一些严重的喜马拉雅地震,但一定有很多地区累积了大得多的张力。2米的滑坡便有可能产生7.8级的地震。但在印度从下方推入喜马拉雅山脉的逆断层中,某些部分已经积累了相当于4米滑坡的张力。实际上,某些地区500多年都没发生过严重的地震了。这样的"大地震"的确会是毁灭性的。尽管20世纪以来建筑标准有所提高,普杰地震的证据表明,如今一次震级相当的地震可能造成的死亡人口比例与100年前无甚差别。而与此同时,处于危险之中的人口数量增加了10倍甚至更多。如果1905年的坎格拉①地震今日重现,遇难人数很可能会达到20万。如果恒河平原的某座大城市发生了地震,这个数字可能会上升一个量级。东京,另一个人口密集的地震带,从1923年至今尚未发生过大地震。如果那里现在发生一场大地震,就算日本的建筑标准有所提高,估计也会造成7万亿美元的破坏,这也

---

① 印度北部喜马偕尔邦人口最稠密的地区,位于喜马拉雅山脉的山脚下。

图 22　近年来城市地震中的高速公路隆起导致了惊人的人员伤亡。这是 1995 年日本神户市的景象

许会导致全球经济的崩溃。

为地震而设计

人们常说,取人性命的是建筑物,而非地震。当然,地震中的大多数遇难者都死于倒塌的建筑物和后续的火灾。建筑物是否会在地震中倒塌,受到很多因素的影响。地震的力量显然十分重要,但震动持续的时间也很重要,其后便是建筑的设计。就小规模的结构而言,柔韧材料比脆硬的材料好。就像树木可以在风中摇曳,木框架的建筑物也可以在地震中摇摆而不致倒塌。重量轻的结构在倒塌之时不易致人丧命。但日本住宅传统使用的木材和纸张隔断墙更容易着火。地震中最糟糕的建筑大概就是砖石建筑以及加固质量很差的混凝土框架了;这在较为贫穷的地震易发国家极为常见。1988年亚美尼亚的斯皮塔克市附近的地震和1989年美国旧金山附近的洛马普列塔地震都是7级,但前者导致10万人死亡,而后者的死亡人数只有62人,这很大程度上是因为加州有非常严格的建筑物规范。那里的高层建筑非常坚固,并且不会与地震波的频率产生共振。许多高层建筑在地基内都安放了橡胶块来吸收震动。在日本,一些摩天大楼在屋顶处配有重物系统,可以快速移动以抵消地震引起的晃动。

地面液化之时

如果你曾经站在湿润的沙滩上上下晃脚,你或许会注意到,水会在沙中上升,你的脚会陷进去;沙子液化了。地震摇动潮湿

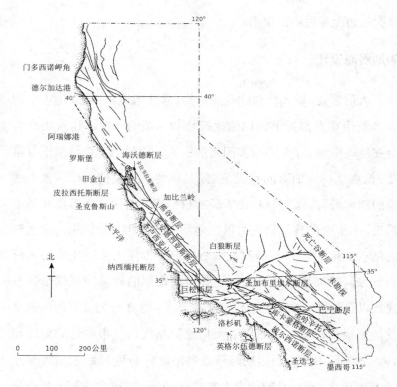

图23　加州的圣安德烈亚斯断层并非地壳上的一条单一裂缝。连这张地图
也是经过简化的

的沉积物时，也会发生同样的现象。1985年墨西哥城地震的震中
远在400公里之外，但城里还是有很多建筑被毁。那些建筑建在
一个古湖的填拓地①上，地震波在淤泥中往复共振了将近3分钟，导
致地面液化，便无法再支撑其上的建筑。无论建筑物的地基有多
深，一旦地面液化，就无法再提供多少支撑了。在1906年和1989

―――――――――
　　①　由原有的海域、湖区或河岸填埋形成的陆地。

年旧金山附近的两次地震中，毁坏最严重的建筑物都位于海港区，就是建在填拓地上的。

火　灾

地震袭击城市时，最大的危险之一便是火灾。在1906年的旧金山地震和1923年的东京地震中，死于火灾的人数都多过死于地震本身的人数。炉灶倾倒就很容易引起火灾，在木质建筑物的杂乱废墟中快速蔓延，破裂的煤气管道更是为之添柴加油。旧金山的消防力量不足；消防车都被困在车库里或堵塞的街道上，破裂的给水主管将城市的给水系统消耗殆尽。如今，像旧金山这样的地震易发城市都在开发燃气和自来水的所谓"智能管道"系统，在压力由于管道破裂而突然降低的情况下，该系统可以迅速地自动关闭相应区段。

拯救生命

地震期间最安全的地方当属开放、平坦的乡间，而恐慌则是最要不得的。在城市里，室外随处会有下落的玻璃和砖石，还不如待在室内的楼梯等坚固结构之下来得安全。日本和美国加州的学童都接受了如何进行自我保护的常规训练。然而，在真正的地震发生时，大多数人还是会愣在原地或惊慌失措地跑向室外。如果人们被困在倒塌的建筑物中，搜救人员可以使用一整套热敏相机和探听装置来找到他们，悲剧固然不可避免，但每一次灾难过后，都会发生不可思议的营救奇迹。

机会与混乱

在某种程度上,地震是能够有把握地预测的。旧金山、东京和墨西哥城等城市必将经历下一次地震。但知道这一点对于住在那里的人没什么用处。他们想准确知道的是"大限"何时将至,地震又有多严重。但这些正是地质学家无法预测的。就像天气一样,地球也是一个复杂的系统,微小的起因就可以导致巨大的结果。亚马孙河畔那只虚构的蝴蝶振动一下翅膀就能影响欧洲的天气,同样,卡在断层中的小卵石也可以引发地震。人类大概永远不可能完全准确地预测地震,但以概率预测地震的效果越来越好了;距离地震发生的时间越近,预测的准确率越高。

传统的地震前兆

在科学仪器出现以前很久,人类就一直在寻找地震预警,向他们通报即将来临的地震。特别是中国人,他们相当擅长观察奇怪的动物行为、水位的突然变化和水井中的含气量,以及其他地震前的征兆。正是利用这些指标,在1975年的一场毁灭性地震发生前数小时,海城市便被疏散一空,拯救了数十万人的生命。但一年后,24万人死于唐山,事先没有任何预警。其他线索包括微弱的光电闪烁,可能是由于矿物结晶受到挤压而产生的,就像按下压电式气体打火机会产生火星一样。有人对动物感知地震迫近的方式进行了认真研究;例如,日本有人观察鲶鱼是否会因为电子干扰而表现异常。但鲶鱼的异常行为有哪些?何况有多少户人家会监测鲶鱼呢?另有证据表明,在大地震来临之前会有极低频率的电磁波。不过这么说到底，最准确的指标看来要属穿行过地面的地震波了。

把握先机

多数大型地震发生之前都有前震。问题在于很难说清某个小型的地颤是一个独立事件，还是大地震的前奏。但前震可以改变概率。根据历史记录，我们可以说，在接下来的100年内的某个时间，有可能发生一场大地震。但这样一来，明天发生地震的概率就变成了1/36 500。每年可能会有10次小型地颤，其中任何一个都有可能是大地震的前震。因此，探测出小型地颤也就把未来24小时发生地震的概率提高到1/1000。了解到断层的具体位置、它们上次开裂是什么时候，并在所有适当的位置安放仪器，有时可将预测的准确率提高到1/20。但这仍然相当于说明天有95%的概率**不会**发生地震，基本上不能在电台广播上播报这一统计数值并以此为由疏散市民。不过它足以通知紧急部门待命，并停止运输危险化学品。

实时警报

预测地震也许总是很难，但地震发生时是可以切实探测到的。这可以变成一种预警系统。1989年美国加州的洛马普列塔地震之后，这一系统得到了验证。尼米兹高速公路的隆起路段已经部分坍塌，救援人员试图救出困在下面的驾车人士。巨大的混凝土板很不稳定，余震会让它们轰然倒塌。地震的震中远在近

大地震

位置	年份	震级	死亡人数
印度普杰	2001	7.7	20 085
萨尔瓦多	2001	7.7	844
秘鲁	2001	8.4	75
中国台湾	1999	7.7	2400
土耳其	1999	7.6	17 118
阿富汗	1998	6.1	4000
伊朗北部	1997	7.1	1560
俄罗斯（库页岛）	1995	7.5	2000
日本（神户）	1995	7.2	6310
加州南部	1994	6.8	60
印度南部（奥斯马纳巴德）	1993	6.4	9748
菲律宾	1990	7.7	1653
伊朗西北部	1990	7.5	36 000
旧金山（洛马普列塔）	1989	7.1	62
亚美尼亚	1988	7.0	100 000
墨西哥城	1985	8.1	7200
也门北部	1982	6.0	2800
意大利南部	1980	7.2	4500
伊朗东北部	1978	7.7	25 000
中国唐山	1976	8.2	242 000
危地马拉市	1976	7.5	22 778
秘鲁	1970	7.7	66 000
伊朗东北部	1968	7.4	11 600
中国古浪南山	1927	8.3	200 000
日本	1923	8.3	143 000
中国甘肃	1920	8.6	180 000
意大利墨西拿	1908	7.5	120 000
旧金山	1906	8.3	500
印度加尔各答	1737	—	300 000
日本北海道	1730	—	137 000
中国陕西	1556	—	830 000
土耳其安条克	526	—	250 000

100公里之外，因此，设置在断层中的传感器能够利用无线电以光速发送警报，救援人员会在以声速行进的地震波到达之前25秒收到预警，让人们有时间清场。未来，可以利用这一系统给出地震主震的简短警报。例如，从洛杉矶外的主断层线发出的冲击波需要一分钟才能到达该市。无线电警报或许不足以疏散人群，但联入计算机系统后，警报有助于银行保存账目、电梯停止运行并开门、自动阀封锁管道、急救车驶离建筑物。

结　语

　　要介绍一个美妙的星球，本书的确只是个短小的读本。我努力概述了某些关键过程的运作，它们分别发生在我们头顶的星空和脚下的大地。我试图解释这些充满生机的过程如何在地表彼此互动，才让我们拥有了这个因为了解所以深爱的世界。那些过程产生了丰富多样的地形、岩石和生命群体。我无意介绍是怎样美丽的矿物和晶体组成了这个星球上的岩石；也没有探讨某些过程的细节，在这些过程中，岩石因构造力而上下颠簸，被风雨冰雪雕琢成我们生活的地球上这令人屏息赞叹的壮丽地形。我没有深究岩石的地下残余如何淤积在沉积层中，也没有探察它们如何产生了肥沃土壤，让我们的食物链得以存续。我更没有细说这个星球最最妙不可言的产物——生命，以及这个世界的物理力量如何与化学作用和自然选择协力，让我们的星球生机盎然。所有这些都该有各自的专著，一一进行更加完整的介绍。

　　然而，我的确相信我们的星球非常特别，如果不是各种地球物理过程的罕见组合，至少就我们所知，生命不会有机会如此辉煌地绽放。我试图在本书中展现世间万物是如何彼此依赖的。没有水，岩石便不会得到润滑，花岗岩不会形成，我们也不会拥有大陆上的大块陆地。没有水，也就没有云和雨；只有风卷黄沙的沙漠地形，是不大可能孕育生命的。没有液态水，生命的化学过程就无法起效，我们所知的生命也不会出现在地球上。没有生命，也就不会有对大气成分的回馈机制，至少到目前为止，正是这一机制让气候尚可承受。没有生命，现在的地球要么是个雪球世界，要么是个超热的温室。

虽说在最近这十亿年来的大部分时间里，环境适宜、万物生长，然而时至今日，我们的命运仍要听凭地球的摆布。火山和地震等构造力量比水灾、干旱和风暴等大气力量更为凶猛。它们吞噬了无数生命，让数百万人生活无以为继。然而无论如何，我们幸存下来了。在很大程度上，我们像蚂蚁一样在地表忙忙碌碌，对宏阔的图景不知不觉。但即使如此，人类本身也已经成为塑造星球的一股强大势力。城市化和农业、土木工程和污染，这些人为过程改变了大片地表的样貌。我们也为此付出了代价。当前动植物物种灭绝的速度甚至比白垩纪和二叠纪末期的物种灭绝速度还要快。如今，大气成分的变化及其所导致的气候变化看来比最后一次冰川期以来的任何时候都要迅速，持续的时间可能也要长得多。

我们早已不再是这个星球的受害者，而变成了它的托管人。我们却恩将仇报，对土地粗暴轻率地贪婪，对污染置若罔闻地轻忽。这样做是要承担风险的。我们仍然别无退路，毕竟所有的人都住在同一个星球上。我们应该照顾好这个星球，为它承担起责任。但也要开启征程去寻找新的家园，让新技术带领我们飞往外星。

　　无论我们怎样小心呵护，这个世界都不会永远存在下去。地球随时都会因小行星或彗星的撞击而毁灭，或者被附近某颗爆炸恒星的辐射穿在炙叉上烘烤。我们还有可能因为全面核战而更早地面临大致相同的结果。最终，在大约50亿年的时间里，太阳会耗尽其核心的氢燃料并开始扩张成一个火红的巨星。最新的估计认为，白热的气体倒不会抵达地球这么远的地方，不过它必然会吞噬水星和金星。它会把我们美丽的世界烧成灰烬，烧干海洋和大气层，让地球不再宜居。但就算对一个星球来说，50亿年也是一段漫长的时间。所有的物种都会灭绝，从统计学角度来说，人类根本不可能存活500万年，更不用说50亿年了。或许那时会有一种新的生命形式统治地球，或许我们会演化或自我设计成不同的物种，又或许我们的后代会找到某种方式把记忆和意识封存进永生的机器。总而言之，我是个乐观主义者，喜欢想象未来的行星科学家探索和开拓新世界，并把它们拿来与被我们称为地球的这个生气勃勃的行星相媲美。

译名对照表

A

Acasta 阿卡斯塔

accretion 吸积

Alexander Terrane 亚历山大岩层

Alps 阿尔卑斯山脉

Alvarez, Walter and Louis 沃尔特和路
易斯·阿尔瓦雷茨

Amazon 亚马孙河

andesite 安山岩

anhydrite 硬石膏

anoxic events 缺氧事件

Armenia 亚美尼亚

asteroid impact 小行星撞击

asthenosphere 软流层

Atlantic conveyor belt 大西洋传送带

atmosphere 大气层

atmosphere, circulation of 大气环流

atmospheric composition 大气成分

aurora 极光

Australia 澳大利亚

B

bacteria 细菌

basalt 玄武岩

Bermuda Triangle 百慕大三角

Bhuj 普杰

black smokers 黑水喷口

Broecker, Wally 沃利·布勒克尔

building regulations 建筑规范

C

California 加利福尼亚州

carbon 碳

carbon compensation depth 碳补偿深度

carbon cycle 碳循环

carbon dioxide 二氧化碳

chalk 白垩

Challenger HMS 英国皇家海军"挑战
者"号

chemical weathering 化学风化作用

climate 气候

climate change 气候变化

coal 煤

coccolithophores 石灰质鞭毛虫

comets 彗星

continental crust 陆壳

continental reflection profiling 大陆反
射剖面

continental shelf 大陆架

continents of the future 未来的大陆

continent, first 第一块大陆

convection 对流

copepods 桡足动物

core 核

core rotation 核旋转

core, inner 内核

Himalayas 喜马拉雅山脉

Holmes, Arthur 阿瑟·霍姆斯

Hoyle, Sir Fred 弗雷德·霍伊尔爵士

human ancestors 人类的祖先

Hutton, James 詹姆斯·赫顿

hydrothermal vents 热液喷溢口

hypocentre 震源

I

Iapetus Ocean 古大西洋

ice age 冰川期

ice cores 冰核

Iceland 冰岛

igneous rocks 火成岩

India 印度

inner core anisotropy 内核各向异性

ionosphere 电离层

iron 铁

island arcs 岛弧

isotopes 同位素

J

JOIDES Resolution "联合果敢"号

K

Kelvin, Lord 开尔文勋爵

kimberlite 角砾云橄岩

Krakatau 喀拉喀托

L

Lake Nyos 尼奥斯湖

landslides, submarine 海底滑坡

laser ranging 激光测距

late heavy bombardment 后期重轰

炸期

Laurasia 劳亚古陆

life 生命

life, origin of 生命的起源

limestone 石灰岩

liquefaction 液化

lithophile elements 亲岩元素

lithosphere 岩石圈

Loma Prieta 洛马普列塔

Lovelock, James 詹姆斯·洛夫洛克

Lyell, Charles 查尔斯·莱尔

M

magma chambers 岩浆房

magnetic dynamo 磁场发电机

magnetic reversals 地磁倒转

magnetic stripes 磁条带

magnetism 磁力

magnetosphere 磁层

manganese nodules 锰结核

mantle 地幔

mantle circulation 地幔循环

mantle convection 地幔对流

mantle flow 地幔流动

mantle plumes 地幔柱

mantle pressure 地幔压力

mantle, base of 地幔基

marine transgression 海侵

Mars 火星

Martin, John 约翰·马丁

Matthews, Drummond 德拉蒙德·马
  修斯

Maunder minimum 蒙德极小期

McKenzie, Dan 丹·麦肯齐

Mediterranean 地中海

melting 熔融

Mercalli scale 麦加利震级表

metamorphic rocks 变质岩

meteorites 陨石

methane hydrate 甲烷水合物

mid ocean ridge 洋中脊

Milankovich cycle 米兰柯维奇循环

mineral resources 矿物资源

Mohorovicic discontinuity or Moho
莫氏不连续面或莫霍面

molasse 磨砾层

monsoon 季风

Moon 月球

Moon, formation of 月球的形成

Mount Fuji 富士山

Mount Pelée 培雷火山

Mount Pinatubo 皮纳图博火山

Mount St Helens 圣海伦斯火山

N

Nanga Parbat 南伽峰

nappe folds 推覆褶皱

Neptunist 水成论者

Nevado del Ruiz 内瓦多·德·鲁伊斯火
山

New Madrid 新马德里

North Atlantic Ridge 北大西洋洋中脊

North Sea 北海

nutrients 营养物

O

obduction 仰冲作用

obsidian 黑曜岩

Ocean crust 洋壳

ocean currents 洋流

ocean drilling programme 大洋钻探计划

ocean floor 洋底

ocean productivity 海洋生产力

ocean trenches 海沟

oil 石油

olivine 橄榄石

orbit 轨道

ozone 臭氧

P

Pacific 太平洋

Pacific ring of fire 太平洋火山带

palaeomagnetism 古地磁

Pangaea 联合古陆

Pangaea Ultima 终极联合古陆

peridotite 橄榄岩

perovskite 钙钛矿

Phillips, John 约翰·菲利普斯

photic zone 透光带

photosynthesis 光合作用

phytoplankton 浮游植物

pillow lava 枕状熔岩

planets, Earth-like 类地行星

plate boundaries 板块边界

plate tectonics 板块构造

Plinean eruptions 普林尼式火山喷发

Pliny the Younger 小普林尼

Plutonist 火成论者

polar wandering curve 磁极迁移曲线

Pompeii 庞贝

Pre-Cambrian 前寒武纪

pumice 浮岩

Pyrenees 比利牛斯山

pyroclastic flows 火山碎屑流

R

radiation belts 辐射带

radio dating 放射性测定地质年龄

radioactive decay 放射性衰变

rhyolite 流纹岩

Richter scale 里克特震级表

rock cycle 岩石循环

rotation 自转

Rutherford, Ernest 欧内斯特·卢瑟福

S

San Andreas fault 圣安德烈亚斯断层

San Francisco 旧金山

Santorini 桑托林岛

Scotese, Christopher 克里斯托弗·斯科泰塞

sea floor spreading 海底扩张

sea level 海平面

seamounts 海山脉

seismic profiling 地震剖面测量

seismic tomography 地震层析成像

seismology 地震学

Seychelles 塞舌尔群岛

shield volcanoes 盾状火山

siderophile elements 亲铁元素

silicaceous ooze 硅质软泥

Smith, William 威廉·史密斯

snowball Earth 雪球地球

solar system 太阳系

solar wind 太阳风

sonar 声呐

stratovolcanoes 成层火山

subduction 潜没

sulphide 硫化物

sunspots 太阳黑子

super-continent 超大陆

super-plumes 超级地幔柱

suture 地缝合线

synthetic aperture radar 合成孔径雷达

T

Tambora 坦博拉火山

Taylor, Frank 弗兰克·泰勒

tectonic plates 构造板块

temperature 温度

Tangshan, China 中国唐山

Tethys ocean 特提斯洋

thermosphere 热大气层

Tibetan plateau 西藏高原

time 时间

Tonga trench 汤加海沟

transform faults 转换断层

tree rings 树木的年轮

troposphere 对流层

tsunamis 海啸

turbidite 浊积岩

U

unconformity 不整合

uniformitarianism 均变论

Ussher, Archbishop 厄谢尔大主教

V

van Allen, James 詹姆斯·范艾伦

Venus 金星

Vesuvius 维苏威火山

Vine, Fred 弗雷德·瓦因

volcanoes 火山

扩展阅读

T. H. van Andel, *New Views on an Old Planet* (Cambridge University Press, 1994). A good overview of plate tectonics and our dynamic world.

P. Cattermole and P. Moore, *The Story of the Earth* (Cambridge University Press, 1985). An astronomical perspective on our planet.

P. Cloud, *Oasis in Space* (W. W. Norton, 1988). Earth history from the beginning.

G. B. Dalrymple, *The Age of the Earth* (Stanford University Press, 1991).

S. Drury, *Stepping Stones* (Oxford University Press, 1999). The development of our planet as home to life.

I. G. Gass, P. J. Smith, and R. C. L. Wilson, *Understanding the Earth* (Artemis/Open University Press, 1970 and subsequent editions). This OUP introductory text has become a classic.

A. Hallam, *A Revolution in the Earth Sciences* (Clarendon Press, 1973).

P. L. Hancock, B. J. Skinner, and D. L. Dineley, *The Oxford Companion to the Earth* (Oxford University Press, 2000). An encyclopaedic reference from hundreds of expert contributors.

S. Lamb and D. Sington, *Earth Story* (BBC, 1998). A readable account of Earth history based on the TV series.

M. Levy and M. Salvadori, *Why the Earth Quakes* (W. W. Norton, 1995). The story of earthquakes and volcanoes.

W. McGuire, *A Guide to the End of the World* (Oxford University Press, 2002). A catalogue of catastrophes, real or potential, that could strike our planet. Not for the fearful!

H. W. Menard, *Ocean of Truth* (Princeton University Press, 1995). A personal history of global tectonics.

R. Muir-Wood, *The Dark Side of the Earth* (George Allen and Unwin, 1985). A history of the people involved in making geology into a 'whole Earth' science.

M. Redfern, *The Kingfisher Book of Planet Earth* (Kingfisher, 1999). A lavishly illustrated introduction for younger minds.

D. Steel, *Target Earth* (Time Life Books, 2000). The role of cosmic impacts in shaping our planet and threatening our future.

E. J. Tarbuck and F. K. Lutgens, *Earth Sciences*, 8th edn. (Prentice Hall, 1997). Another classic text.

S. Winchester, *The Map that Changed the World* (Viking, 2001). How William Smith published the first geological map in 1815.

E. Zebrowski, *The Last Days of St Pierre* (Rutgers University Press, 2002). Fascinating historical account of the geological and human factors that led to the volcanic destruction of St Pierre in Martinique.